つくること、つくらないこと

町を面白くする11人の会話

編著

長谷川浩己

山崎亮

著

太田浩史

廣瀬俊介

ナガオカケンメイ

鈴木毅

馬場正尊

西村佳哲

芹沢高志

広井良典

鷲田清一

学芸出版社

まえがき

長谷川浩己

誰でもそうだったと思うが、小さい頃から宇宙の果てとか、世界はどんな風に出来ているのか、とか、そんなことをよく想像してはクラクラしている子どもだった。普通にそんなこと忘れていたのだが、大学に入ってから初めて友人を通してランドスケープ・アーキテクチュアという分野に巡り会う。俄然目覚めてしまって大学を卒業してから改めてその世界に踏み込むことになった。急に子ども時代の感覚がよみがえったのかもしれない。この仕事は何かしらリアルな世界の成り立ちと接点を持っている、そういう直感が働いたのだろうかと今にして思う。

山崎　亮

ランドスケープデザインについて5年間学んだ。その後、設計事務所に就職してからの6年間も、「風景をデザインする」とはどういうことかを考えながら仕事を続けた。公園をデザインしたり、街路樹や花壇をデザインしたり、町並みのデザインコードを検討したりした。でも、それが風景をデザインすることになっているようには思えなかった。

風景は、もっと「なんとなく」出来上がってしまうもののような気がしていた。その地域に暮らす人たちの行動が積み重なって生活が出来上がり、その生活が積み重なって人生が出来上

しかし勉強を初めてすぐにその対象の大きさ、複雑さ、途方のなさに面食らった。風景とはさまざまな関係がその都度カタチとして顕れてくる全体像だとすると、デザイナーって一体何をすればよいのだろうか？　大体デザインするも何も、風景は既にそこにあるじゃないか。わざわざ留学までして向こうの設計事務所で働き始めてからも、ずっとそんなことを考え続けていた。その後帰国し、一つずつのプロジェクトを通して、そしてまだ考えている。

　山崎亮さんと会ったのは本当にひょんなことがきっかけだった。その時から「もう一度この人とちゃんと話をしたい。」という思いが僕の中にくすぶっていたのだが、それは一体何だったんだろうか。一応僕がつくる人、彼がつくらない人、というスタンスをあえて強調することで、（ランドスケープ）デザインという仕事の振れ幅と射程距離を測ってみようと思ったわけだ

がる。これらが繰り返された結果、なんとなく出来上がってしまうのが風景なのではないか。だとすれば、樹木を植えたり町並みを整えたりしても風景をつくったことにはならない。表面的にまちを緑化したり景観計画をつくったりしても、地域に住む人たちの行動が変わらなければ風景をデザインしたことにはならないだろう。

　人の行動を変えるためには、その人たちの気持ちを変える必要がある。どんな町で生活したいのか。何を大切にしたいのか。何が楽しいと思うのか。そういうことをみんなで話し合いながら、自分たちの町を自分たちでマネジメントしようという気持ちを高める。機運を高める。そこから風景を変えていくという方法があるんじゃないか。

　そう、ランドスケープデザインのためにはコミュニティデザインが必要だ。そんなことを考えて設計事務所を辞めた。

が、僕が抱えている根本的な問いに彼もまた反応しているのだ、という確信を感じたのかもしれない。

日々の営みはすでに風景であり、電線が絡まり合う空もまたそのときの技術や切実な思いが生み出した、見るに値する風景である。社会、生態系や地球の営みまで含んだ膨大な関わりから生み出される風景に対して、それをデザインする、ということはなんだか部分が全体をつくろうとしているんじゃないかという違和感、何か不遜な行為をしようとしているという感覚がずっと頭の中から離れなかった。それでもこの仕事から離れようとは思わなかったのは、どこかで「これはとても大事なことだ」という根拠のない確信があったからかもしれない。

僕はずっとこの違和感と根拠のない確信の間で揺れ動きながら仕事を続けている。山崎さんと一緒にいろんな方々と出会い、一体その問題

ランドスケープデザイン分野の諸先輩方はいろいろ心配してくれた。「そんな仕事で食っていけるのか」「ものづくりの力を信じていないのか」「デザインから逃げるのか」。今もうまく説明できていないが、当時もやはり自分がやりたいことをうまく説明できなかった。だから会う人のほとんどから上記のようなアドバイスや指摘を受けた。

ランドスケープアーキテクトの長谷川浩己さんと会うことになったのはそんな時期だった。また同じような話になるのかな、と思っていたら、長谷川さんは開口一番「僕もまったく同じ気持ちなんだよね」と言った。風景をデザインするという仕事に対する違和感や悩みがずっと続いているという。すでにたくさんの空間をデザインしてきた長谷川さんから、そんな話を聞くことになるとは思ってもみなかった。と同時に、なんて素直な人なんだろうと思った。この

は解決したのか？　正直に言うと、問いは更に大きくなり、同時に確信もまた大きくなった。言い換えると僕たちが向き合っているものの巨大さ・複雑さがより見えてきたように思うし、同時に今ほどさまざまな関係の取り方が必要とされているときはないんじゃないかとも思う。そう、僕たちができることはおそらく関係の取り方である。ランドスケープデザインは風景をつくることではない。新しい風景が出来るきっかけを提供することだ。

「つくる」または「つくらない」ということを通して、僕たちみんなとその場所の間に（新しい）関係をつくり出したい。その関係が結果として新しい風景となるのだろう。関係を生み出すそのなにかを、「状況」と呼んでみた。そこに僕と山崎さん、多くのゲストをつなぐ共通項が見えてくる気がする。（風景に対しての）デザインという行為は、何かしら出来事が起きるため

人となら、モノをつくることの可能性と限界、そしてコミュニティが活動することの可能性と限界についていろいろ話ができそうだと感じた。

お互いが悩んでいるのだから、誰か指南役がいたほうがいいだろうということで、毎回ひとりゲストを迎えて鼎談することになった。さまざまな人とお話するなかで、モノをつくらずに状況をつくりだす方法の可能性と課題を見つけ出すことができた。また、モノをつくる人とコラボレーションする際に心がけることを知ることができた。

この鼎談で見つけたことのいくつかは、現実のプロジェクトに活かされている。これからコミュニティデザインに取り組もうと思っている人はもちろん、空間をデザインする人も本書を読んで、ハードとソフトのバランスあるデザインについて思いを巡らせてもらいたい。

長谷川さんが挙げた永遠のライバル、「ドラ

の状況を用意することではないか、と。ちなみにゲストはそれぞれの方法で状況をつくり出していると僕らが思った方々、またはその様な状況に対して深く思考を巡らせている方々にお願いした。本当にさまざまな可能性やこれからの課題について考えさせていただいたと思う。

そう思ってもなお、僕自身が今も迷いの中にあることは否定できない。ランドスケープデザインには常に「何もしない、さわらない」というオプションが含まれているし、いろんな方と会うたびにそのやり方の方が効果的なんじゃないかと思ったりもする。ただ、今回はそのやり方の芳醇さに逆に励まされた。この場所に確かに居ると実感できること、この場所で生き生きと暮らすこと、これからの時代、そういうことを実現していくにはもっといろんなやり方も出てくるだろう。しかしなお、「つくる人」としては、あえてカタチの種をまくことでしか生まれ

えもんの空き地」。コミュニティデザインの立場から考えると、ガキ大将を中心とした子どものコミュニティをどう再生するかが課題である。また、ほとんどの家庭にテレビゲームがある時代に子どもたちが空き地に集合するモチベーションをどう生み出すのかも課題である。金持ちのスネ夫は自宅に数十台のゲームを持っていたはずだ。なのに、ジャイアンものび太も、スネ夫の家ではなく空き地に集合する。きっとスネ夫のママは「お外で遊ぶべきザマス」と息子たちを邸宅から追い出していたのだろう。

そうした行動や生活や人間関係が存在したからこそ、空き地にあの状況が生まれたわけだし、あの風景が生まれたわけだ。

現代のランドスケープデザイナーが空き地に絶妙な配置で土管を三本置いただけで、あの風景を生み出そうとするのはナイーブ過ぎるというものだ。そこに、風景をつくろうとするとき

得ない状況もあるのだと信じている。その意味では僕にとっての永遠のライバルは『ドラえもん』に出てくる空き地かもしれない。つくることとつくらないことは、どちらかが大事なのではない。どちらも大事で、どちらもお互いを必要としている。

そんなわけで、まずはこの本を（特に風景の中で）一所懸命カタチをつくっている人に読んでもらいたいと思っている。結局風景とは、カタチであり、同時に関係である。カタチを触れば必ず関係に響き、関係に関わればそれは必ずカタチに顕れる。その世界は豊かで複雑で、とても魅力的だが、同時にそれに関わることへの畏れもある。それでもなお、カタチを通してより良い関係へたどり着きたい。そのための一つの参考に、この本がなれば幸いだと思う。

の「空間とコミュニティ」「ハードとソフト」のバランスを考える重要なキーワードが隠されている。

つくること、つくらないこと

町を面白くする11人の会話

目次

まえがき　長谷川浩己／山崎 亮……3

GUEST 01 太田浩史さん（建築家／東京ピクニッククラブ）……11

GUEST 02 廣瀬俊介さん（ランドスケープアーキテクト／風土形成事務所代表）……27

GUEST 03 ナガオカケンメイさん（デザイナー／D&DEPARTMENT PROJECT代表）……39

対談1　山崎×長谷川／現場訪問：姫路市・家島のまちづくり……53

GUEST 04 鈴木 毅さん（居方研究家／大阪大学大学院工学研究科准教授）……69

GUEST 05 馬場正尊さん（建築家／Open A代表）……83

GUEST 06 西村佳哲さん（働き方研究家／リビングワールド代表）……95

対談2 長谷川×山崎／現場訪問：軽井沢・星野リゾート……109

GUEST 07 芹沢高志さん（アートディレクター／P3 art and environment 代表）……125

GUEST 08 広井良典さん（公共政策学者／千葉大学法経学部教授）……139

GUEST 09 鷲田清一さん（哲学者／元大阪大学総長）……153

あとがき 長谷川浩己……166

GUEST

01

太田浩史さん

建築家 / 東京ピクニッククラブ

おおた ひろし / 1963 年東京都生まれ。1993 年東京大学工学系研究科修士課程修了。2000年デザイン・ヌーブ共同設立。2003 ～ 08 年東京大学国際都市再生研究センター特任研究員。2009年より東京大学生産技術研究所講師。建築家として活動する傍ら、ピクニックから都市の公共空間の使い方を提案する「東京ピクニッククラブ」や、世界中のシビックプライド（都市に対する市民の抱く愛着と自負）を研究する「シビックプライド研究会」などの活動で知られる。

長谷川 浩己

太田さんは不思議な人で、いつも都市について考えている。彼曰く「浴びるように都市を見て」、都市という場所が僕たちにとって一体どんな場所なのか、または場所であろうとするのか、いつも考えているのだと思う。そしてその視線の先にあるのは常に、人の姿である。都市という器と、そこに住み、集う人たち。そのどちらかだけを見るのではなく、いつもその間に起きるいろいろな関係を見ていて、そして自らも「ピクニック」という行為を通してその関係に働きかけてみる。俯瞰と一つずつの行為を自在に行き来する姿はとても魅力的だ。関係という事柄を探っていこうとする企画の一人目のゲストには「まずは太田さん」と、満場一致？　でお願いすることとなった。

ランドスケープというと「風景画」を思い出してしまって…

太田　はじめに、お二人から「状況」という言葉を聞いて、「ランドスケープ」と補完関係にあるものなのかな、と思いました。門外漢の固定観念なのですが、どうしてもランドスケープというと「風景画」を思い出してしまって、時間の流れが固定化されている気がするんです。そこに改めて人々や風景の変化を導入するのが、状況という言葉なのかと思いました。

長谷川　つまりスタティックなものだと？

太田　実際のデザインはもちろん違うとは思いますが、木や植物こそが、季節や時間の象徴なわけですから。でもどうしてもイギリスの風景式庭園やイタリアの寓話的な風景画を思い浮かべてしまいますね。

山崎　僕は、ランドスケープをつくった後のマネジメント（管理）やオペレーション（運営）によって風景は完成され、さらにつくられ続けていくのだと考えています。建築の場合は、設計に先立って用途が決まっていることがほとんどなので、マネジメントやオペレーションは当然考慮された上で設計が進むことになる。一方、ランドスケープデザインはオープンスペースの使い方などをマネジメントする機会がほとんどない。だから、屋外の新しい〝使いこなし方〟が提案されないんですね。都心部にあるオープンスペースも、もっといろんな方法で使いこなせるようにした方がいいし、その方法を開発しないと時代に合った風景や状況は立ち現れないのではないかと思っています。ピクチャレスクなランドスケープに状況を重ねて初めて、僕らが認識する風景が出来上がるのではないでしょうか。

長谷川　確かにランドスケープと状況は補完関係にあると言えるのかもしれません。けれど僕自身は、ランドスケープという言葉を状況そのものと意識してきました。もしくは場所が持つ〝アクティビティの可能性〟を状況と呼んでいたのかもしれません。まさしくここに三者三様の立ち位置があるような気がします。果たしてランドスケープは動きを待っている、もしくは動きを必要としている器なのか、またはランドスケープ自身が状況を生み出すことができるのか？

公園はパーソナルな活動にはすごく対応しているとは思いますよ。

長谷川　よくよく考えてみると、公園は不思議な場所ですよね。主だった機能もなく都市の中でペンディングされているような空間だから。確かに、これまで公園にはマネジメントという考え方は存在していなかったと思います。ユーザーが勝手に使い方をつくり出していたと言える。では、公園においてマネジメントが必要なのはなぜなのか。

太田　たとえば、東京にある「日比谷公園」は芝生を養生しているため立ち入り禁止になっていますね。あれは日本の公園の源流ですが、風景を見るための庭園と、人が集まる公園の間に、言語的混乱があるのではないか。高密度居住とのトレード・オフという19世紀の都市的発明の意味が理解できていないように僕は思えるんです。それは同時代にイギリスで始まった文化である「ピクニック」を併置してみるとよくわかる。極論でいうと、いまだに日本では公園が文化として根付いていないのではないでしょうか。だって、山崎さんをふと公園に誘ったら変でしょ。決闘するのか悩みを告白されるのか、みたいに思う（笑）。

山崎　何か特別な意味があるのかな、と考えてしまいますね（笑）。

長谷川　日本の公園は、使う場所としてはあまり認識されていないのかもしれませんね。中国の都市と比べても圧倒的に大人の日常的な利用が少ないように感じます。

太田　風景があるとはわかっているけれど、そこが「社交場」であるとは思われていないようです。

長谷川　社交場…。確かに考えたことなかったですね。

太田　僕らはピクニックを社交だと考えています。そういう観点でユーザーが公園の使い方をいろいろと工夫できるといいですね。

長谷川　まだ使い方が受け身ということ？

太田　公園はパーソナルな活動にはすごく対応しているとは思います。本を読むとか、考え事をするとか。複数の人数でも、デートや家族のお出掛けといった親密な間柄にとって。近代的な個人社会が、公園の背後にある。

長谷川　なるほど。僕は今までパーソナルな対象が、対面する世界に対してどう反応して、またはその中をどう〝泳ぐ〟かをイメージしてデザインしてきたけれど、社交のきっかけとしてランドスケープがあるならば、それはデザインだけではつくれない。マネジメントが介入する必要性があるんですね。社交という言葉を入れると、パブリックスペースが果たす役割が大きく広がる気がします。

太田　それは建築も同じで、差し込む光を美しいと思ったり、形に見とれたりというのはパーソナルな経験ですよね。それとは別に、たとえば建築家の原広司さんが設計した京都駅の大階段のように、人がたくさんいることで価値が生まれてくる場所もある。相互交通的な、つまりコミュナル（集団的）な経験の豊かさもあるわけで、それは特にランドスケープの世界では大事なのではないでしょうか。

山崎　オープンスペースというのは、そもそもコミュナルな性質を持った空間なんですよね。オープンスペースの定義は、①野外であること、②不特定多数が入れること、③土地が永続であること。つまり、原理的にコミュナルな性質から逃れられない場所なんです。

　都市空間の中で、目的を持っていない不特定多数の人が集まる場所というのはあまりないですよね。建築空間はほとんどが用途を持っているから特定多数の人が使うことを前提とする。その場所で誰が誰と何をどれくらいしていてもいいんだ、という空間を設計することは、用途を限定しないがゆえに設計の根拠が見つけにくい。そういう空間をどうやって設計していくべきかについて、もっといろいろな発明が必要なのではないでしょうか。

公園を使いこなすアクティビティやプログラムが、日本にはまだまだ少ないように思います。

長谷川　何らかの動きを与えていくためには、ある程度「イベント」を起こしていく必要がありますよね。イベントという言葉をどう捉えるのか。この場合「出来事」と捉えるといいのかもしれませんが、社交が始まるためには何か働きかけが必要なのでしょうか。

山崎　まちづくりの現場では、一人とだけ議論してまちの方向性を決めるわけにはいきません。かといって、一気に不特定多数の人と議論しようとすると大変です。サークルやコミュニティなど、ある程度まとまった集団と話をしながら、徐々にその集団数を増やしていくのが一つのやり方です。つまり、コミュナルな関係を持った人たちが相互につながっていくようにまちづくりやパークマネジメントを進める。その場を介して、普段なら決して知り合うことがないだろうな、と思うような個人と個人が仲良くなっていくのを見ると、とても楽しい気持ちになりますね。

長谷川　コミュナルな動きを起こすためには、公園にマネジメントが存在することは効果的なのでしょうか?

山崎　公園を使いこなすアクティビティやプログラムが、日本にはまだまだ少ないように思います。これは、単に待っているだけではなかなか生まれてこないものなのでしょう。少し啓発的になってしまうかもしれませんが、こんな使いこなし方もあると示すような実験的プログラムを実施してみれば、次のアクションが生まれてくるのではないかと思っています。

僕はコミュナルな関係性を大切にしながら、まちづくりやパークマネジメントの仕事に携わってきたんだと思います。人と人が結びついて、自主性を発揮して、町に対して何かアクションを起こそうとする人が増えてくれればいいな、と思っていました。自分の町や公園は自分たちでマネジメントするんだ!　という状況を生み出したいと。しかも、それを繰り返すことが、結果的に公園や町のブランディングになっているんだということに、太田さんがニューキャッスル／ゲイツヘッドで行ったピクニックイベント「ピクノポリス」の話を聞いて気付きました。

長谷川　僕の場合はパーソナルの次がすぐ不特定多数になりやすい。特に対象がパブリックスペースの場合は明確なユーザーが見えていない場合が多い。これまでは不特定多数の人が新しく設計しようとしているこの場所に、個人レベルで意識的・無意識的に反応してくれることを願いながら設計をしてきました。が、特定の顔は見えなかった。不特定多数が僕のつくる空間を使うイメージを描き、彼らにコミットできる空間をつくっていきたいという思いはあります。でも、結局は自己満足になっているのかな、というかどうしても個人と全体をつなぐ〝集団〟というものが落ちてしまう可能性があるのかもしれない。

太田　ピクニックが１８０２年に社交としてイギリスで大流行するのと前後して、詩人のウィリアム・ワー

太田さんが共同主宰する「東京ピクニッククラブ」では、２００８年８月イギリスのアート戦略都市ニューキャッスル市とゲーツヘッド市において、10日間10ヵ所でピクニックを行うイベント「ピクノポリス」を開催した（写真：伊藤香織）

ズワースがピクニックのような野遊びをしているんです。彼は近代的自我として、自然の美しさに目覚め、それを詠った。そうした自然主義もピクニックの源流の一つですから、個人と風景の関係が基底にあるのでしょう。でも、１８５０年代に市民社会が誕生すると、今度は画家のエドゥアール・マネの『草上の昼食』のようなコミュナルな風景の使われ方が現れてくる。社会の変化に対応して風景の使い方が発見されていくのは面白いですよね。

山崎　空間のつくり方の話で言うと、僕はコミュナルの意見を聞いて公共空間をデザインしてきました。公共空間は、住宅を設計するときのように施主の意見を聞きながら設計を進めるのが難しい。公共空間を利用する人のニーズが掴みきれていない気がして歯がゆい思いをしていました。だからこそ、設計に先立って、公共空間が完成したらその空間を使うことになる住民グループを立ち上げ、その人たちと一緒にどんな空間が必要なのかを議論しながら設計を進めるようにしています。ただし、パブリックな場所のことですから、特定のグループが望むカタチを記号的にレイアウトするのでは都合が悪い。その他の人たちが使いにくい空間になってしまうからです。公共空間を使いこなすコミュナルな主体を議論しながら空間のカタチを決めるのですが、最後はそれを少し崩しながら〝その他の人〟も使いやすいように空間形態を変容させます。そうす

「ピクノポリス」で開催されたイベントの一つ「ピクニックコンテスト」で入賞した夫婦。お弁当には寿司も！（写真：東京ピクニッククラブ）

ると、コミュナルな主体のニーズもパーソナルな主体のニーズも受け止めるような空間の形態が現れてくることが多いですね。そんな設計プロセスを経るようになってからは「自分の中には大いなる市民性があるんだ」と信じ込みながら設計していたときとは違って、納得のいく空間をつくることができるようになりました。

長谷川　僕は、そのプロセスはとったことがないですが、とても面白いと思います。正直、特定集団から不特定多数へというベクトルは考えたことがありませんでした。ただ自分の仕事を振り返ってみると、個人の感情に訴えることを通じてコミュナルな動きを誘う空間をつくろうとしているのだと思いました。自分の中の市民性よりも、とにかく人の気持ちを動かす、ということです。漠然としたイメージかもしれませんが、個人からコミュナルへとつながる普遍的な感情は存在すると思います。

町中でピクニックを楽しむ人たちによって、町の印象は大きく変わる（写真：東京ピクニッククラブ）

　僕が設計した「東雲ＣＯＤＡＮ」のプロジェクトは、高密度４００％の集合住宅の中で、大きなイメージとして敷地全体が回遊するランドスケープであることを目指していました。そのときは不特定多数のイメージでしかなかったけれど、出来た後のアンケートや利用調査の結果から、乳母車を押しながら敷地内で散歩を楽しんでいる人が多いと聞いたとき、不特定多数の人の顔が具現化していった。それは自分の中では発見でした。

ピクニックと公園は同時期に発明されたものだと言えるかもしれません。

山崎　ところで、ピクニック（picnic）の語源は何ですか。

太田　もとはフランス語で Pique-Nique で、piquer は皮肉を言う、niquer はどうやら色事を指す。実はとっても悪い言葉だったらしいんです。マネの『草上の昼食』がまさにそれですよね。これは僕の個人的推測なんですが、それが18世紀のカフェでの政治集会を意味していて、フランス革命の余波として19世紀初頭のイギリスに伝わったのではないかと。だって１８０２年に行われた最初のピクニックは若者の乱痴気騒ぎ、つまり合コンなんですよ（笑）。

長谷川　その行為が屋外の公園に出ていった契機は？

太田　１８２０年代に何かがあったと思うんです。公園の誕生に合わせて、屋外の合コンを最先端の流行と読み替える何かの出来事が。僕の勘では、紅茶のメーカーあたりが仕掛けたのではないかと。というのも、コーヒーは男の飲み物、紅茶は女の飲み物、という理解がイギリスにはあった。そしてティーパーティーが象徴するように、紅茶は屋外でたしなむ飲み物でもあった。これは中東でもそうですよね。その女性向けの紅茶文化を、ピクニックという最先端のデートと組み合わせることで、公園の利用促進がはかられたのではないでしょうか。

山崎　それは公園が誕生したときのムードと一致します。自由と平等という考え方ですね。限られた階級の特権だったものを開放して、身分に関係なくいつでも集うことができるオープンスペースを都市内に生み出す、という発明です。１８２０年代のイギリスということであれば、まさにピクニックと公園は同時期に発明されたものだと言えるかもしれません。

長谷川　最近、観光について考えることがあるのですが、イギリスでは労働社会の中で労働者をいかに遊ばせるか、ということが考えられたそうです。イングランド北西部にあるブラックプールなどの観光地は大衆化に突き進み、多少不健全だけど人が集まってくる土地となった。一方で、湖水地方は、ワーズワースなどによって風景を愛でられたことで観光地となった土地。はじめからパーソナルな対象に向けた観光地と大衆化された観光地と両輪の文化を持っているんですよね。

太田　観光の発明は１８５０年の鉄道と一緒で、トマス・クック社がそれを取り仕切ったというのは有名です。ホリデイ＝休日制度が整備されたのは１８６０年だから、レジャーという考え方も現れてくる。特にビクトリア王朝時代のイギリスは興味深く、今の都市計画の言語が次々と提起されます。駅、公園、集合住宅、ラウンドアバウト（roundabout）、リゾート（resort）などなど。オーストラリアの都市はこの頃が発祥なのですが、アデレードやメルボルンに行くと、碁盤状の街路にトラムが走り、それを公園が囲み、その外側に保養地や遊園地がある。ピクニックも、そういう状況で浸透した都市文化なんです。ちなみにアメリカでは20世紀に高層ビル、ハイウェイ、空気調和（airconditioning）などの概念を生み出した。日本はそういう世界的な都市計画言語に対して防戦一方かというと、駅前商店街はかなりオリジナルですよね。花見、温泉、ファーストフードの寿司も世界的発明ですし。高密度居住の都市を持つ日本は、21世紀の世界にどんな都市言語を提起できるのか。それは僕たちに共通する課題でもあります。

シドニーの人はオペラハウスが大好きなんです。なくなると死んじゃうんじゃないかと思うくらい。

太田　僕はお祭りが大好きです。フェスティバルはまちづくりにおいてますます大事になってきていて、地元の人のやる気を引き出すために非日常の風景をつくり出してくれます。

長谷川　いわゆるイベントはインパクトが強いけれど、期間限定だから異化の度合いも強い。異化だけに限って言えば、本来はランドスケープのハード面のデザインにも求められなくては意味がない、と思っています。ただ、その方向は違うのだろうと思います。

山崎　ランドスケープをハード的に面白くするのも手ですが、そのうえでいくつかの特異なプログラムが展開されたとき、さらに強烈な記憶がつくられると思います。空間構成だけでなく、行為や体験が記憶を強烈にするんですね。

長谷川　イベントを通じて地域に何が生まれるのでしょう。

太田　ブランド、ロイヤリティでしょうか。

長谷川　その人がその場所に対して興味を持つきっかけを与えるのが風景の一部となる建築やランドスケープの役割とも言えますか？

太田　最も有名な例はシドニーの「オペラハウス」です。都市ブランディングという手法を、世界へ鮮やかに示したと言える。でも、対外的な効果だけではなくて、市民自身にとっても強いアイデンティティが示されたことも忘れてはいけないポイント。シドニーの人はオペラハウスが大好きなんです。なくなると死んじゃうんじゃないかと思うくらい。壁面の白いタイルが夕焼けに染まるのを見ると、本当に神殿のように美しいし、ロケーションや地形、ハーバーブリッジの存在も、あの場所の力を高めている。このような人の気持ちを動かせる仕事がどうしたらできるのか。都市再生の研究をしているとそんなことばかり考えます。

長谷川　その気持ちはすごくよくわかります。結局、ランドスケープのデザインも人の気持ちを動かすようになってほしい。動いた後はその人次第。それによってその地域、自分の居るこの場所に気持ちが向いていくと思います。

太田　それはまさに、シビックプライドでしょう。誇り、愛着、自負。自分がそこに関わっているという意識。それから、僕がシドニーをとても好きなように、そこには住んでいないけど、離れたところで何かその都市に対して参加意識を持っている、〝準市民〟みたいな人々をどうつくっていけるかが大事なんでしょうね。

長谷川　単なる住民票ではなくてね。

山崎　市民という意味では、日常生活を自分の責任でしっかり楽しむ〝市民〟がたくさん増えて欲しいですね。単なる〝住民〟ばかりでは、町や風景は魅力的なものにならないように思います。そのきっかけとして、オープンスペースにマネジメントを持ち込んで、近所に住む人たちが自分たちのやりたいことをどんどん展開できるようなフレームをつくりたい。あとは、こうした取組みに対して文化的な予算がつくと理想的です。そのためには、その取組みを正当に評価する軸が重要になるだろうと思います。評価の結果、優れた取組みには次年度予算を多めに傾斜配分するような。都市での実践と評価がうまく結びつくと、オープンスペースはもっと魅力的な空間になると思います。

「ラヴィレット公園」は、ハードとハードを掛け合わせて出来事を生み出そうとしたところに無理があった。

山崎　パリの「ラヴィレット公園」も出来事をデザインしようとしましたね。ただ、出来事を起こす仕組みをすべてハードに任せてしまったところに限界があったんだと思います。マラソンランナーがピアノバーの中を走り抜けていくような出来事は、初めて体験したときだけイベントであり、二度目以降はそれほどイベントになり得ないでしょうね。つまり、ハード（園内マラソンコース）とハード（ピアノバーとしてのフォリー）を掛け合わせて出来事を生み出そうとしたところに無理があった。何度も来園する人は、当然その出来事に飽きてしまうでしょうから。

長谷川　ハードでは特定の、しかも持続的な出来事は生まれないでしょう。ハードでやるべきことは、それを生み出し得る空気感。ただ、イベントを起こすとしても町とつながっているイベントはすごくいいと思うけど、縄を張って囲い込むようなイベントは面白くない。でもそれが日本でいう一般的な「イベン

雨上がりの青空のもとで語り尽くした約2時間…

ト」なのでしょうか。

山崎　ラヴィレットの「イベント」と、日本で使われる「イベント」とは別もの。偶発的に起きる出来事のことなのですが、日本では企画して主催されるプログラムという意味合いで使われますね。

太田　出来事に対してはいろんな言葉があります。たとえば「オカランス」。意図のあまりない、雨が降るとか、風が吹くとか、日常生起するあれこれ、みたいな言葉。「イベント」は意図を持った出来事。「モード」は様相。ランドスケープの世界はいろんな出来事に対応して設計されていると思うのですが、日本でイベントというと一週間ごとに集客するようなことばかりが取り沙汰される。でも、ランドスケープの面白さは、出来事全体に対応できるところにあるわけですよね？

長谷川　イベントとオカランスというとオカランスのほうは地に近い考え方に感じます。無制限で、何も規定していない。ただの集客ではなくて、何かが起きるきっかけとなる、または気持ちのエネルギー状態を上げるという意味合いに思います。上げたあとは勝手にそれぞれに任せておく。ハードだけでは何も始まっていないし、文字通りオカランスによって何かが始まっていく…。

太田　さまざまな都市でピクニックをしたり、世界の都市再生の事例を見ていくと、出来事にまつわる言葉の豊かさに対応するように、建築やランドスケープデザインに感じるニュアンスもまた多様であることがわかります。職能を少し広げてみて、新しい都市の状況をつくり出せるような、そんなアプローチが取れるようになるといいな、と思います。

GUEST

02

廣瀬俊介さん

ランドスケープアーキテクト / 風土形成事務所代表

ひろせ しゅんすけ / 1967年千葉県生まれ。1989年東京造形大学卒業。GK設計勤務を経て2001年風土形成事務所設立。2003年より東北芸術工科大学建築・環境デザイン学科准教授。主な仕事に「DNP創発の杜箱根研修センター第2」ランドスケープデザイン（田賀意匠事務所と協働、2009年）、「早戸温泉遊歩道」設計施工（大学実習として福島県三島町早戸区に協力、2010年より継続）がある。著書に『町を語る絵本―飛騨古川』（岐阜県飛騨市）『風景資本論』（朗文堂）など。

長谷川 浩己

大分前のことになるが僕が横浜ポートサイド公園の仕事をやっているときに、街区全体のランドスケープとサインのデザインを担当されていた廣瀬さんと出会った。「世界の成り立ちに関わりたい」と、当時僕がどこかで言っていたらしい。それはまさしく僕たち二人にとって共通の夢だった。彼はその後、まじめかつ丁寧なその態度と、本当に美しいスケッチ（そして言葉の描写力）をツールとして、独自のアプローチを歩み始めた。廣瀬さんは風景の中にかたちが出てくる根拠を徹底的に考える。大きな風景と僕たちの普通の生活は必ずつながっているけれど、そのあるべきつながりを、彼はデザインを通じて探している。当時の夢は今もまだその通りなんだと思う。

本をつくることで地域の成り立ちを知ってもらい、忘れずにいてもらいたい。

廣瀬　僕は今、大学でランドスケープデザインを教える傍ら、環境と生活を中心にすえて地域の将来を構想する仕事に携わっています。地域を理解する手段として僕が必ずやることは、絵を描きながら風景を観察していくことです。写真を撮るよりその土地の特性、風土がわかる。自分の目で根気強く土地と向き合ったあと、市民参加のワークショップに臨みます。そこでは好き嫌いを言い合う前に、この土地には何があって何を残すべきか、何を発展させる必要があるのかについて皆で考える。その材料としてスケッチを用います。そして、地域の風景と風土を「読む」ための一冊の本としてまとめます。構成は、地形、気象、習慣や生業など地誌学の観点から読み取った地域の成り立ちに関する解説と、地域の姿である風景の現状を考察したスケッチから成ります。本をつくることで地域の成り立ちを各世代の暮らし手に知ってもらい、忘れずにいてもらい、そしてさらに知見の充実を図っていってほ

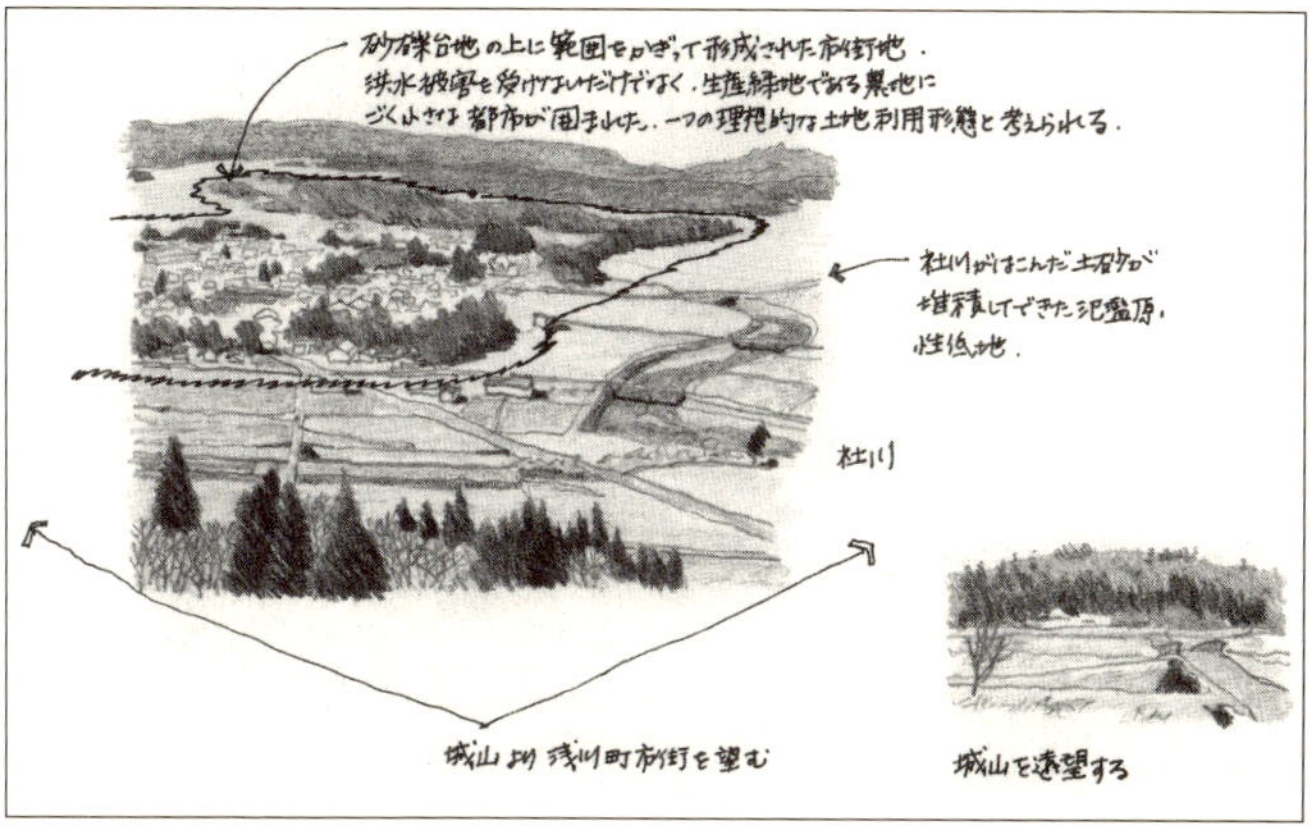

地域を成り立たせるさまざまな要素とその関係を見つけ、考えるためにスケッチを描く（福島県石川郡浅川町、2004年）

しいんです。自らを取り巻く世界の成り立ちを知る意識を持ち、どうしてそうなったのかを突き詰めて考え、それを地域に生きる人々に伝えることで、当地の文化や教育や産業は本質的に継承され発展されていくのではないか。本当に大切なものごとを地元の方々に理解していただくために、有効な手法だと思っています。

長谷川　そうした仕事は、短い期間の中で達成しようとしても難しいと思いますが、どのくらいの期間かかるものなのですか。

廣瀬　たとえば、飛騨古川では２０００年から町の方々との交流を続けています。最初の年はのべ３ヵ月間滞在しました。地域の風土について詳しく調べようと思えばそうせざるを得ないですね。

山崎　廣瀬さんの「本をつくる」という方法には、コンセプトを組み立て、場をデザインし、もう一度空間の使い手となる対象へ知見を投げ返すという一貫した流れがありますね。自分がデザインのために集めたり

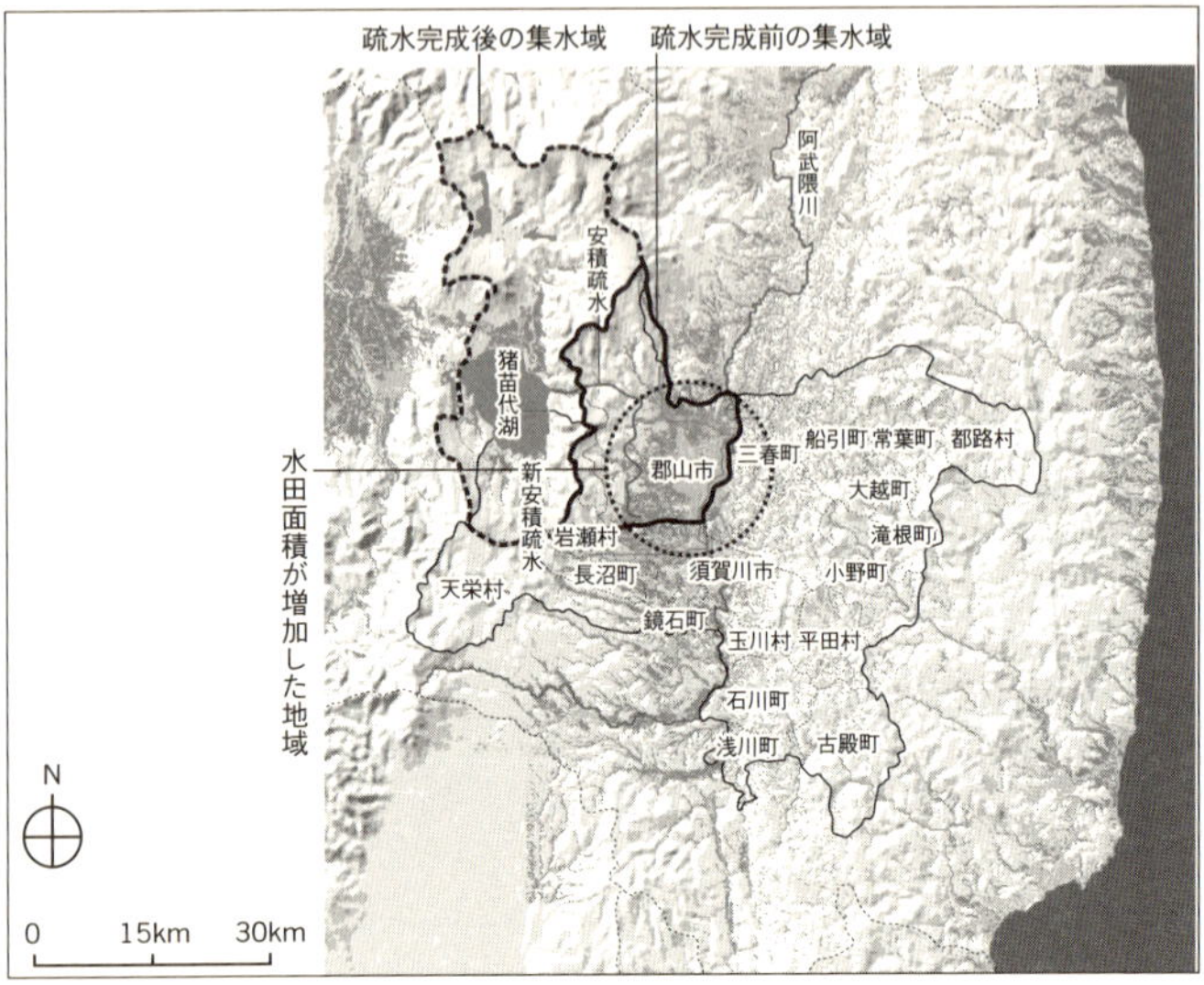

福島県が地域計画の礎として２００４年に発行した『風景読本―県中地域の風景を読む』。地図は郡山市における土地利用が猪苗代湖からの取水に多くを頼る事実を表したもの（数値解析：槙朗、原図作成：春田ゆかり）

ソースをノートに記録し、それを設計のためだけに使うのではなく、町の人が土地のことを理解するためにも利用する。つまり、場所をつくるためだけではなく、場所が出来上がった後の生活を考えて、集めた情報を再編集し本にする。これは「状況のつくり方」を考える重要なアプローチだと思います。町の人に自分たちの地域の成り立ちやその場の使い方の作法を理解してもらおうという意識があるからこそ、新しい状況を生み出す力がプロジェクトに宿るのだと思います。

長谷川　おそらく廣瀬さんと僕の気持ちが共通しているところは、世界はいろんな力の集積だと思っていること。気象や地形などと、そこに住んでいる人やモノが干渉し合い、その結果が風景となって現れている。

ただ僕のやり方とは手法が違う。僕は、科学データを含むその力の仕組みをある程度、直感的、主観的に解釈して、その風景が変容するための設えを用意しようとしている。仕組みの検証を飛ばして、自己完結しているのではないかと思うことがときどきあるんです。廣瀬さんの話を聞いていくと、そもそも風景をデザインするためには、どこまで深くコミットしなければいけないのか…と考えさせられます。

山崎　廣瀬さんは仮説を立てるだけではなく、科学的なデータや言い伝え、地域の生活様式、住民へのインタビューなどを通して仮説を検証しようとしている。そのプロセスで設計の方針を決めて場所をデザインする。さらに場所が出来上がった後に自分が検証したことをまとめて冊子にし、それを地域の住民や場所の利用者に伝える。すごく丁寧なアプローチだと感じました。

スケッチを見ていると、ローレンス・ハルプリンを思い出します。

廣瀬　自分なりのデザイン手法はここ10年ほどで確立できました。子どもの頃から生物と生態学に興味があり、大学入学後は建築家のミース・ファン・デル・ローエ[*1]について勉強して、建築と生態学を結ぶ方法を探し始めたのですが、その頃大学に講師で来られていたランドスケープアーキテクトの上山良子[*2]先生と出会い、事務所でアルバイトをさせていただくようになりました。卒業後は、主に公共空間のファニチャーやサインデザインを手がけるＧＫ設計に入りました。そこでは、アメリカで活躍するピーター・ウォーカー[*3]＋ウィリアム・ジョンソン[*4]と兵庫県の「播磨科学公園都市」で一緒に仕事をする機会をもらい、彼らが持つ形の意味を論述する力や視覚伝達表現能力に影響を受けました。この経験もあってか、若い頃はアメリカのデザインに対して憧憬の念を抱きながら仕事をしていました。けれども、経験を重ねていくうちに、日本の風土にそれは合わないと思うようになったのです。

山崎　スケッチを見ていると、ローレンス・ハルプリン[*5]を思い出します。僕が関わる住民参加の機会で感じるのは、イアン・マクハーグ[*6]のように、土壌や水の流れなどをＯＨＰシートで重ねたりＧＩＳで示したりしても、専門的すぎて住民はなかなか理解できない。それに対して、ハルプリンのスケッチは住民が普段見ている風景をアイレベルで描き出して、その風景がどう成立しているのかコメントを書き込んでいる。この方法だと、多くの住民にとって風景がどう成立しているのかが理解しやすい。廣瀬さんのやり方は、まさにハルプリンのように風景の成り立ちをわかりやすく示し、マクハーグのように流域の生態的な関係性を整理しているように思います。住民参加で計画づくりを進める場合にはとても有効な方法ですね。

廣瀬　僕は日本におけるランドスケープアーキテクチャーを、風土の理解を必要条件とした環境形成技術と翻案しています。[*7] そして、ランドスケープアーキテクトとは、世界の成り立ちを思考できる人。地理、民俗から現在の地域経済に関することまで、自分一人ではすべてを理解できなくとも、諸専門家をつなぐことのできる人なのではないかと考えています。かつてランドスケープアーキテクトのフレデリック・ロー・オルムステッド[*8]が、都市公園の新設、河川環境の再生と緑地の系統化、自然公園の充実などをランドスケープアーキテクチャーという職域の展開として手がけていった。その足跡をたどっているようなものだと思います。

長谷川　「風土」を通じて物事をつなげたいというイメージでしょうか。普段過ごしているあなたたちの生活が、こんな巨大なサイクルの中にいるんだというこ

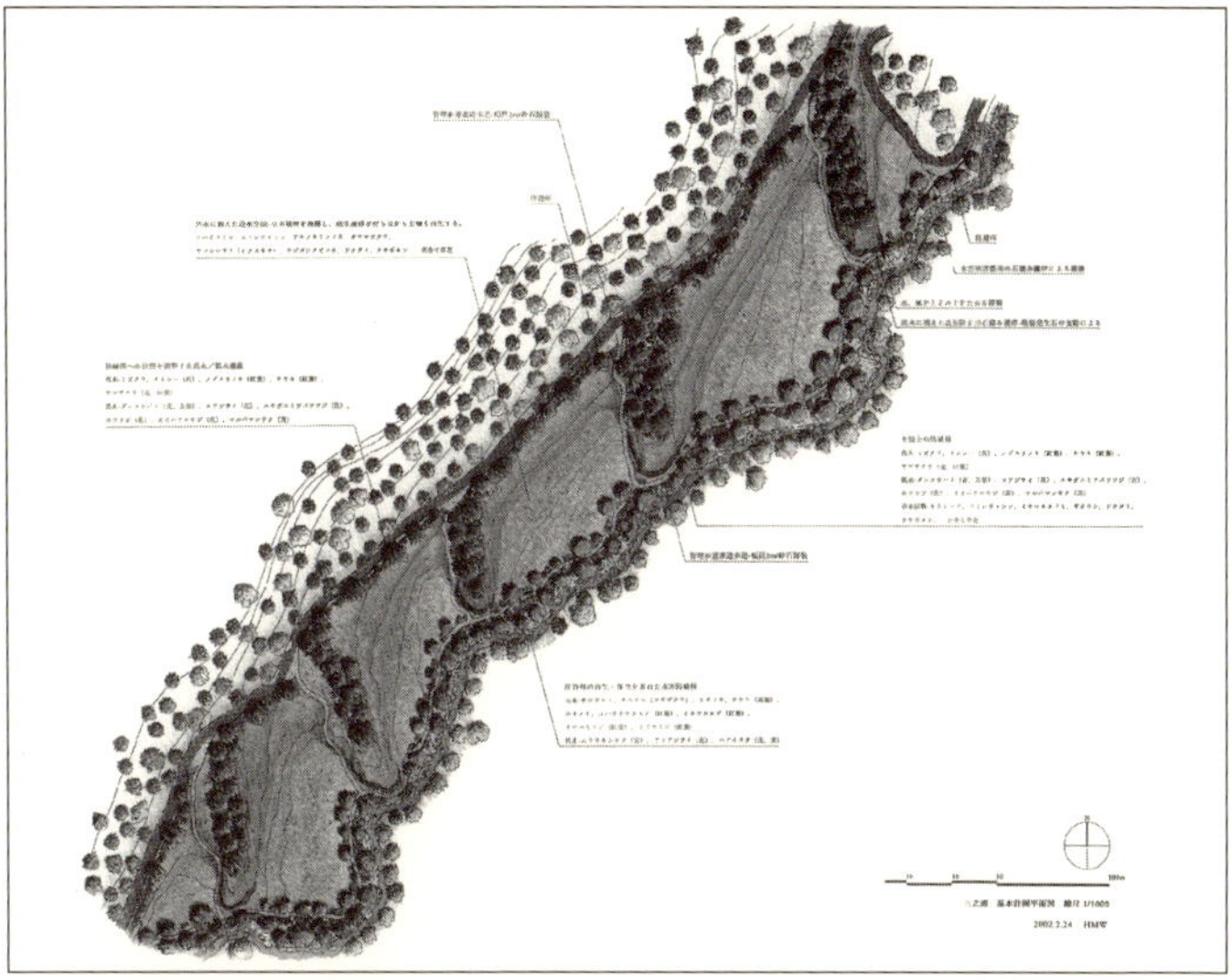

トンネル建設にともない残土処分場とされた川べりの土地の環境修復設計例（飛騨市、2002年。共同設計者：栗田融）

とを伝える。人と人、人と風土がつながりさえすれば、手取り足取りに面倒を見るというわけではないということですね。

廣瀬　大事なのは、自分の仕事が一体何のためにあるかという解釈。僕の風土の分析方法には、確かにマクハーグの理論に学んだ部分が含まれています。

風景は単に造形物をつくったから出来るわけではなく、そこに「現れる」もの。

長谷川　僕はプロジェクトに際して、「立ち位置を考える」ことを大事にするべきだと考えています。プロジェクトの中でどういう立場で自分がそこにいるのかを考えてから、自分が進むべき方向が見えてくる。

廣瀬　それは具体的ですね。まず、自分は何者なのか、何の役割を果たすべきなのか、なぜここにいるのか、そしてその役割を持つ自分はそこで何をどう変えていくのか。そう意識できたほうが、ある地域や場所の存在のあり方という意味でのコンセプトは見定めやすいですね。

長谷川　このプロジェクトを通して自分は何をしたいのか。デザイナーという立場で何ができるのか。

山崎　住民参加のワークショップをする場合でも、まずはお互いの立場を明確にしますね。僕も含めて、その場所に来ている人すべてに対しても。たとえば、水曜日の夜にワークショップに参加している人がいるとすれば、それは相当暇な人か、友達がいない人か、何か思惑がある人か（笑）。なぜここにいるのかと聞くと、「こんなことがしたいから来ているんだ」という思いを持って集まっていることがわかる。お互いに目的をはっきりさせた方が話を進めやすいですね。

廣瀬　僕は、風景は単に造形物をつくったから出来るわけではなく、そこに「現れる」ものだと思っています。自分が責任を与えられて行う仕事に作用して地域に生きる人々の心が動き始め、活動が起こされ、それにつれて全体的にカタチが出来ていくといったことに関わりたい。

長谷川　わかります。自分が関わることで、より良い方向に向かってほしいんですよね。たぶん誰も風景そのものをつくりたいわけではなく、風景が立ち上がってくるきっかけをつくりたいのだと思います。手法は一つでないにしても。

山崎　廣瀬さんが、事務所の名前に「形成」という言葉を入れたところにその思いが表れていますね。すべてをデザインすることはできないけれど、いろんなきっかけをつくることによって、結果的に良質な風景が立ち現れてくることを期待している。それを従来の「デザイン」だと言いたくないという気持ちはよくわかります。

廣瀬　ほんとうはそれこそが「デザイン」だと言いたいんです。でも、すでにデザインという言葉には単なる「恣意的な形態操作」としての意味が張り付いてしまっている。だから、デザインという言葉を本質的に使い直したとしても、広く理解を得ていくのは難しいのではないかと思います。

集落に暮らす人々の意見を集約しながら廣瀬さんが基本設計を手がけた「古川町黒内地区生活環境保全林」（飛騨市、2001年）

一つひとつの風景の背後にある仕組みを深く理解することは難しい。

長谷川　廣瀬さんにお会いしたかった理由は、自分がデザインを通じて望むことに対して、その検証が難しいという思いを抱いていたから。特に公共の場は選びとられるというよりも、出来た時点で風景の一部として誰に対しても同じように与えられてしまう。

僕は、世の中の一般的な設計事務所の流れの中にいるわけです。所員もいるし、給料も払っている。廣瀬さんのように長い間、同じ集落に滞在するようなスタイルの仕事はなかなかできないし、その中で一つひとつの風景の背後にある仕組みを深く理解することも難しい。ただ、自分のデザインした設えによって風景全体を動かしたいという気持ちを前提としている。でも、それが果たして、地域にとってどう効いているのかは結局よくわからない。

そうはいっても、僕も廣瀬さんも山崎さんも、地域に対しては異物であることには変わりがないはず。僕と廣瀬さんとの違いは単に参加の深さなのか…。それこそ立ち位置の違いだけなのでしょうか。

山崎　そこで悩む人は多いでしょうね。僕もデザインを始めた頃は少しでもいい空間をつくりたいと夢中で設計をしていたのですが、ある時から長谷川さんと同じことを悩み始めた。ランドスケープをデザインするということは、もっと広範囲に深く思考しないといけないのではないか、もっと時間をかけていろんな人の話を聞いたりデータを集めたりしなければならないのではないかと。一方で、会社の経営を考えると一つのプロジェクトだけに没頭するわけにもいかない。また、特殊な能力を持った人がスーパーマンのように働くことでしかやり遂げられない仕事のシステムでは誰もついていけない。住民参加のワークショップをうまくコーディネートし、美しいスケッチが描けて、生態学的な知識を豊富に持ち、抜群のデザインセンスを備え、一つのプロジェクトに長い時間をかけられる人というのは、それほど多くいないはずです。どんな素質のスタッフを採用して、どう教育すれば正しく若手を育てることができるのか。同じ問題を廣瀬さんも感じたことがあるのではないでしょうか。

廣瀬　それ以前に僕のジレンマは、自分のプロジェクトを通して若い人たちが実務者として働く機会をつくれていないこと。長谷川さんは、若者がランドスケープアーキテクトになれる道をきちんとつくっている。それに、僕も今よりもっと未熟だった頃、長谷川さんが公園を設計したヨコハマポートサイド地区での業務に携わっていて、長谷川さんからいろいろ教えていただいたことがあります。デザインに対する真摯な気持ちを保ちながら、一方で経営をうまく運び、若い人たちに経験の場を提供することは、僕にはできていませんから。

長谷川　よかった。存在価値があったみたいで。

廣瀬・山崎　ありますよ（笑）！

注

＊1　ミース・ファン・デル・ローエ：1886～1969年。ドイツでバウハウス校長を務めるなどした後、ナチの迫害を受けてアメリカに亡命。20世紀のモダニズム建築を代表する建築家の一人。

＊２　上山良子：１９７８年カリフォルニア大学バークレー校環境デザイン学部ランドスケープアーキテクチャー学科大学院修了。ランドスケープアーキテクト。長岡造形大学学長。

＊３　ピーター・ウォーカー：１９３２年生まれ。アメリカのランドスケープアーキテクトで、西ヨーロッパ、東アジア、オーストラリアにも活動の場を広げてきた。

＊４　ウィリアム・ジョンソン：１９３１年生まれ。アメリカのランドスケープアーキテクト。１９９０年代にピーター・ウォーカーと協働した。

＊５　ローレンス・ハルプリン：１９１６〜２００９年。アメリカのランドスケープアーキテクト。１９６０年代からワークショップを市民協働のタウンプランニングへ取り入れた。

＊６　イアン・マクハーグ：１９２０〜２００１年。アメリカのランドスケープアーキテクト。エコロジカルプランニングの方法論を確立した。

＊７　２０１１年3月11日の東日本大震災発生以降、ランドスケープアーキテクチャーを「人間社会を自然の物質循環系の中に置き直す土地利用技術」と再定義している。（廣瀬注）

＊８　フレデリック・ロー・オルムステッド：１８２２〜１９０３年。ニューヨークのセントラルパークを計画し、「ランドスケープアーキテクト」を最初に公式に名乗った人物。

GUEST

03

ナガオカケンメイさん

デザイナー / D＆DEPARTMENT PROJECT 代表

1965年北海道生まれ。1990年日本デザインセンター入社。原デザイン研究室（現・研究所）を経て、ドローイングアンドマニュアル設立。2000年、東京・世田谷にデザインとリサイクルを融合した新事業『D＆DEPARTMENT PROJECT』を開始。2002年の大阪をはじめ、札幌（2007年）、静岡（2008年）、鹿児島（2010年）に姉妹店をオープン。2009年には日本をデザインの視点で案内するガイドブック『d design travel』を発刊。現在、北海道、鹿児島、大阪、長野、静岡、栃木が発売されている。

山崎亮

なによりもまず、「新しいモノをつくらないデザイナー」という肩書きに惹かれた。僕のように、人と人の関係性をデザインする仕事をしていると「それは本当にデザインなの？」と問われることが多い。ナガオカさんはそれをデザイナーの仕事だと言い切る。モノの形だけでなく、それを取り巻く生産や流通や販売などの生態系がうまく成立したときにロングライフデザインが生まれる。だから単にモノの形が美しいとかかっこいいというだけではロングライフデザインにはならないという。「この人と仕事がしてみたい」と思った。このあと、僕はナガオカさんと一緒に鹿児島の「マルヤガーデンズ」という商業施設のプロジェクトに関わることになる。

デザインは「生態系」の中にある。良いデザインというだけでモノが生き残るわけではない。

山崎　実は、はじめに告白してしまうと、僕はナガオカさんに親近感を持っています。ランドスケープデザインという業態のその中で、あえてカテゴリーに分ければ、長谷川さんは正統派のランドスケープアーキテクトで空間をデザインしてモノをつくるハード派。一方の僕は、昔はモノをつくっていたけれど、つくった後の空間の使い方が結果的に風景をつくると考え、住民ワークショップなどを通して「町は僕たちがつくっていくものなんだ」と地元の機運を高めていくソフト派。両方で共通しているのは、豊かな「状況」を生み出したいという思い。それをハードのデザインをするのか、ソフトから人の気持ちを動かすのか、アプローチが違うだけ。でも、僕のようにソフトで仕事をしていると、「お前のやっていることはデザインじゃない」と言われることもある。そこで、今回ナガオカさんについて研究していったところ、僕の考えとかなりの共通点があることに嬉しくなりました。

長谷川　位置付け的にはハード派の私は、基本的には具体的な空間を対象としてつくっています。けれど、その都度本当にこれがベストかなと考えています。山崎さんのようなアプローチにも興味はあるのですが自分にはできない。つくることには必ず意味と目的があるはずだと思っていますが、同時にどこか拭いきれないジレンマを感じてもいる。ナガオカさんはいわゆるデザインされたモノの、その後の在り方や扱われ方まで含んでデザインであるとお考えのようですね。

山崎　僕は、ナガオカさんの本から、「ロングライフデザイン」というのはカタチではなく「状況」をつくる方法だと読み解きました。47都道府県に1ヵ所ずつD&DEPARTMENTをつくっていくプロジェクト「NIPPON PROJECT」の活動の中で言及されていたのは、「地場産業と若い後継者と僕たちをつなぐ活動体をつくっていく」という意識。第一に、空間やモノをデザインするのではないことに僕は共感しました。地方の風景をつくるとき、東京のデザイナーが呼ばれて、グリッドとストライプで広場をつくっても、結局はそこを使いこなすことや地元の人が関わり続けていくシステムがないと良い風景は残らない。そういう思いから、僕は『OSOTO』（財団法人大阪府公園協会発行）という雑誌をつくってきました（２００９年７月休刊、「OSOTO web」としてリニューアル）。これは屋外空間を使いこなす達人たちを紹介する雑誌です。空間をデザインするだけではなく、屋外空間を積極的に使いこなしていくことも風景をつくることになるのではないか、という考えから始めたものです。モノ自体ではなく、状況から少しずつ盛り上げていくことを考えているわけです。それは、ナガオカさんの活動とやロングライフデザインの思想と似ていると感じています。

ナガオカ　実は、グッドデザイン賞の中にもロングライフデザイン賞があり

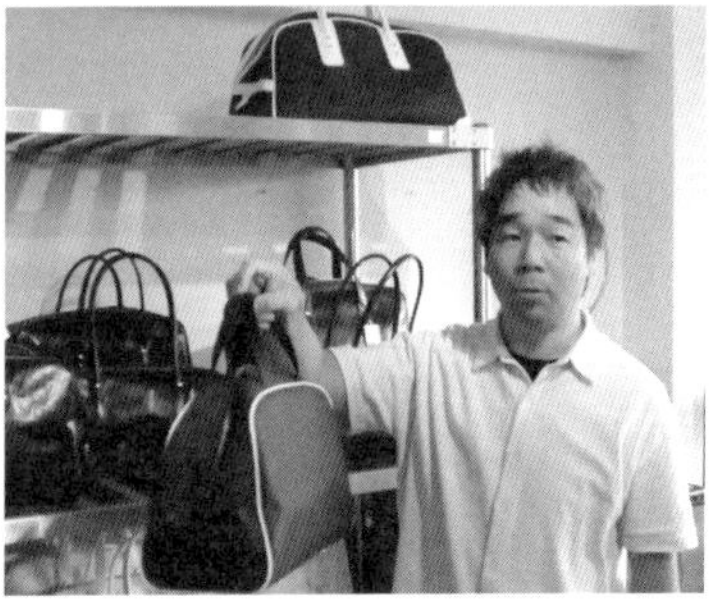

店内に陳列された商品は衣食住すべてに関わるロングライフデザインをセレクト。ナガオカさんが手にするのは、日本鞄メーカー最大手のエース社が製造していたバッグ「ナイロンエースバッグ」

ます。先ほどのハードとソフトの話と一緒で、デザイン業界から見ると、ロングライフデザインになる理由はデザインが良いからということ。でも、売り場から見ると、生産管理がしっかりしているとか、ひと月で生産の限界値があるとか、デザインと関係ないところでの評価軸がある。店を10年もやっていると、「じゃあ、ロングライフデザインを生み出してください」と依頼されることもある。できなくはないけれど、生み出すためには僕が考えた10ヵ条の決まりがある。その中の一つが「良いデザインであること」。あとの9は、「ブームに乗って生産しない」「機能的であること」「修理をして使い続けられること」など。実際に何社かと仕事をしたこともありましたが、結局は色の選定をマーケティングの結果から考えようとする。そうじゃない。トレンドを出せば出すほど古いとか時代遅れなどの言葉がついてくることに、なかなか気付いてくれません。

長谷川　ロングライフデザインはナガオカさんが狙ってきたものですか？

ナガオカ　いえ、たまたまです。デザイン業界では、良いデザインだからとか柳宗理さんがつくったから残ったとか言う。でも、デザインは「生態系」の中にあるんですね。良いデザインというだけでモノが生き残るわけではない。ほかの諸条件の中で成立しているのです。

ロングライフデザインを生み出す10ヵ条

1	修理	修理をして使い続けられる体制や方法があること。
2	価格	作り手の継続していく経済状態を生みつづける適正な価格であること。
3	販売	売り場に作り手の思いを伝える強い意志があること。
4	作る	作り手に「ものづくり」への愛があること。
5	機能	使いやすいこと。機能的であること。
6	安全	危険な要素がないこと。安全であること。
7	計画生産	あくまで計画された生産数であること。予測が出来ていること。
8	使い手	使う側が、その商品にまつわる商品以外に関心が継続する仕組みがあること。
9	環境	いつの時代の環境にも配慮があること。
10	デザイン	美しいこと。

プロダクトデザイナーのディーター・ラムスは、無印良品や深澤直人さんなどが影響を受けている、80歳になる大御所デザイナーですが、彼がデザインしたヴィツゥ社のシェルビングシステムを縁あってうちの会社が日本の販売代理店をやるようになったんです。そのとき、ヴィツゥ社の社長さんが来日して、デザインの進化と動物の進化は一緒だという話をしてくれた。「魚の尾ひれが伸びたりするのは、環境上そうせざるを得なかったから。デザインもそうあるべきだ。デザインも環境に合わせてちょっとずつ進化をしなければいけないのに、一気に進化しなければならないものに位置付けられてしまった」と。

こうしてデザインの生態系について考えると、ランドスケープの、自然や日常的な環境に対する考え方と一緒のようですね。

お店を始めたとき、什器を一切使わないでモノを売ろうとしていたんです。

長谷川　僕は、東京都世田谷区にある「D&DEPARTMENT」へ2週間前に行ったのですが、帰ってから「なんかランドスケープっぽいな」と気付いたんです。それはなぜなのか、最初はわかりませんでした。ただ、このお店に居心地の良さを感じた。小さい頃テレビの前にこういうテーブルがあったなあとか、そういう懐かしさだけではない。店に集められたものは新しいものではないけれど、ある意志を持ってセレクトされ、レイアウトされている。新しいバリエーションも生まれている。時間的にも空間的にもお互いがつながって風景になっている。そういうランドスケープを僕もつくりたいんだと思い返した。ちょうど僕がお店に行ったとき、窓から店内に光が差し込んでいて。お店にいるというより外とつながった一つの〝場所〟にいる感覚になりました。

ナガオカ　お店を始めたとき、什器を一切使わないで商品を売ろうとしていたんです。でも、什器代わりにしている商品が売れてしまうと寂しくなる。じゃあ、どの什器が僕らしいかと考えて、今の安いスチール棚に行き着いたんです。これだって樹木と同じで、社会の至る所にあって見飽きてしまうくらいのものでしょう。

　また、僕が世田谷の物件を見つけたとき、ここを僕が借りないと、僕が今感じている感動を伝えられないんだと思ったんです。すべてのお金をつぎ込んで、この空間を他の人にも体感してもらいたかった。全国に展開するほかのお店も、ルールとしてできるだけ町の風景になっているような物件を使うこと。内装もできるだけ手を加えないことにしています。風景になじん

さまざまなロングライフデザインが陳列される「D&DEPARTMENT PROJECT TOKYO」の店内

でいるように。この店がほかと違うのは、窓を開けていることですね。通常、百貨店などは、商品を売るときは窓を遮断することが鉄則のようです。モノに意識を集中させようとしている。

長谷川　そうですね。くつろいじゃった。

ナガオカ　だから商品が売れないんです（笑）。

デザインに触れれば触れるほど、そもそもデザインするとは何かを考えるようになった。

山崎　僕は、先ほどの「10ヵ条」にすごく興味があるんです。10の一つが「良いデザインであること」で、それ以外にもっと考えなければならない項目があると、ナガオカさんは考えているようですね。ランドスケープデザインも同様に考えてもいいのかもしれない。1／10を「良いデザイン」だとすれば、その他の9／10には「マネジメントをどうするか」また「どんな組織を構築すべきか」「売り場のホスピタリーをどう高めるか」などの考え方が含まれていて、それらがすべて成立したときに良い空間や状況が生まれるわけですね。ナガオカさんの書籍『ナガオカケンメイの考え』と『ナガオカケンメイのやり方』を読んでいると、コミュニケーション論や組織論や経営論がたくさん登場する。この人は本気で「良い状況」をつくり出そうとしているなと感じました。

ナガオカ　昔、原研哉さんに「自分の肩書きを育てろ」と言われたことがありました。デザイナーという肩書きを付けたいなら、デザインという業態を本質から見直さないといけない。肩書きは、誰かが開拓した良い状態に憧れて付けようと思うけれど、それを一度疑ってみて、ちゃんとあるべき社会的な職能を考えろという話でした。自分もデザイナーという既存の職業に憧れてなったんだけれど、デザインに触れれば触れるほど、そもそもデザインを語るとかデザインするとは何かを考えるようになった。そうしたら、自分でデザインしている場合じゃない、正しいデザインを売らないといけない、売り場をやらないといけない…と考えるようになりました。今では農業をしないとデザインなんてできないと農園も経営するようになって…。もうよくわかんないですけどね（笑）。

　でも、自分の正しいデザインを広めるためには、10ヵ条は守らないとならないし、それを理解するマーケットも育てないといけない、ということに行き着くわけです。

山崎　肩書きを育て、マーケットや活動を生み出そうとするためには、自分がやっていることをしっかりと他の人たちに伝えなければいけないというのはおっしゃる通りだと思います。僕もそうですが、「オープンスペースを設計しました」というだけではなくて、そこへ地域に住む人たちが入ってきて凧揚げや里山探検など自由に活動できるように、マネジメントの仕組みをつくったり、独自のコミュニケーション手法を生み出したりしなければならない。さらに範囲が広がって、公園のまわりの町をマネジメントする仕組みをつくることになると、さらに考えなければならないことが増える。9／10として、どんな状況

デザインを思考して行き着く先は農業だった。千葉県に自社農場「D&FARM」を展開し、同社が経営するダイニングで用いる食材などを無農薬で栽培している

を生み出すために何をしているのかをわかりやすい言葉で伝えていかなければならない。それもまた、風景をデザインする職能であるということを伝えて、自らの肩書きを育てていく必要がありますね。

心がけていることは、自分が「全国区」であること。

山崎　これは僕の悩みでもあるのですが、ある地域で活動コミュニティをつくった当初は、住民の人たちはうまく立ち回ってくれるのだけれど、何年かすると排他的になってくることが多いんです。〝あの人たち〟という閉じた感じになってくる。コミュニティを取りまとめようとすると、ある種の求心力が必要だから内に向くのは仕方がないけれど、やればやるほど新しい人が参加しにくい状況が生まれてしまう。そうなると徐々にコミュニティが疲弊していってしまいます。新しい人が参加できないと、新しいアイデアが生まれにくくなるから。いかに開いた状況を維持し続けるのかが重要なんですね。

　そこで、僕が意識していることの一つは、そのコミュニティがやってきたことをドキュメンテーションすることです。後から参加する人でも自信を持ってコミュニティの中に飛び込めるような、きっかけとしての冊子をプロジェクト

現在「D&DEPARTMENT」は、東京店以外に4つの都道府県で姉妹店がオープンしている。右は大阪店（2002年）、左は札幌店（2007年）。

ごとにつくっています。

　そういう面で活動体やマーケットを育てていくために、ナガオカさんが工夫されていることはありますか？

ナガオカ　心がけていることといえば、自分が「全国区」であることでしょうか。そのために、広報を会社にも置きました。たとえば、企画をして『Casa BRUTUS』に載せたいと思っても、「こういう理由で載らない」と言われる。「じゃあどうしたらいいんだ」「こういう社会的メッセージが足りない」というやり取りをしている。今は、とある県の県立美術館をつくる仕事をしていますが、みな「金沢21世紀美術館」を目指そうと言う。けれど、あの場所が成功したのは広報の力だと思うんです。違う県から人が行きたいと動機付けるのは、全国区の言葉で通訳する広報がいるから、代弁してくれるアーティストを巻き込んでいるから。全国区であるためには、どんな人にもわかりやすく広報をしていくということ。デザインはこうあってほしいという自分のメッセージを伝えたいと思ったら、自分がメディアに載る価値のある発言を持たないといけないんだと考えています。

　以前、NHKの「トップランナー」に出演したときには、二つのことに気をつけました。それは、専門用語と業界用語を使わないこと。一般のおばちゃんにもわかってもらうように意識しました。NHKは、どんなにローカルな地域で放送していても全国区。そういう視点でデザインを語らないと、みんなにわかってもらえないと。それに気付くには5、6年かかりましたね。

山崎　コミュニティが内向きに閉じないように、外側からの視線を生み出すきっかけをつくり出すということですね。言い方を変えれば、コミュニティに外側からの視線を意識してもらうことだと言えるかもしれません。そのためには、『新建築』や『ランドスケープデザイン』や『アイデア』や『ブレーン』など、業界誌でプロジェクトの知名度を高めていくときの思考とは違うところに配慮しなければならない。そのとき気をつけることは、業界や専門家だけがわかる、その人たちが前提としている背景の上に乗って話してしまわないことが大事なんですね。

長谷川　今の話はとても面白いですね。山崎さんの話は、ある種コミュニティデザインの持っている閉塞感ですね。僕も前から気になっていることです。でも、一回囲わないとコミュニティはできないし。打開策は、全国区であり、良い意味で他者の目を持ち込むことにより、内向きにかたまってしまうコミュニティを開くことでしょうか。

ロングライフデザインが残るべくして残っていると考えると、風景に近い。

ナガオカ　以前、ロングライフデザインを考えて生活しようという『d』という冊子を出していました。そこで反省したんです。ロングライフデザインの大切さを伝えたいけど、デザイン誌として出している以上自己満足だと。伝えたいけど伝えたい人にはまったく伝わっていなかった。そこで、これを今、「観光ガイド」に変えて出そうとしているんです（インタビュー後に『d design travel』として創刊）。ものすごくわかりやすい需要にフィットしないと、売れないし伝わらない。であれば、デザイン誌ではなく、一般の人でもわかりやすい旅に絡めた観光ガイドにしたらどうかと。ロングライフデザインを日常に定着させる手段として可能性はあるかなと思ったんです。

だから、先ほどのコミュニティの話に続けると、ある一つのコミュニティをオープンにするには、47都道府県に同じコミュニティをつくるしかないと考えたんです。47のコミュニティが同じ悩みを共有すれば全国区として開いた状態になると。

このガイドブックは、一号につき一都道府県を特集します。ぜひ協力してもらえませんか。たとえば、『OSOTO』の記事がこの本のページになるとか。ランドスケープのその土地のことを書いてもらうとか。そういう協力関係ができないかな。僕らは全国区を目指しているし、一緒にできたらいいなあ。

長谷川　ロングライフデザインが残るべくして残っていると考えると、風景に近いですね。残る理由がある。ただ、もう少し観光地で商売している人たちがロングレンジの視点を持って経営を考えてくれるといいんだけどなあ。今はものすごいショートレンジで目先の利益を追って、結局長く続かない。そういう人たちにどう働きかければいいのか。でも、ハードをつくる立場とすれば、ロングレンジのデザインでもきちんと集客できていますよと証明したい。それは実はハードだけの問題ではなくて、まさしくカタチを生み出すデザインの生態系の話でもありますね。

山崎　ランドスケープデザインでも「生態系」という言葉はよく使われますね。その場所にその風景が成立

ロングライフデザインを提唱するためにつくられた冊子『d』は現在休刊し、その次のシリーズとしてデザインの視点から47都道府県の旅情報を紹介する『d design travel』が創刊された。

するためには、周辺の地形や水の流れや昆虫や動物の結びつきがあり、それを意識してデザインすることが大切だと。ところが、往々にしてその土地に住んでいる人の営みは生態系から外して考えられていることが多い。もっと町のマネジメントに住民が関わるようにしたら風景は変わるのではないか。その意味で、空間をデザインするとともに、地元に住んでいる人の意識を改革することが大事ですね。積極的に町へと関わるコミュニティをつくる一方で、そのコミュニティが閉じないように全国区の視点を注ぎ込んで自分たちの活動を相対化する。そうすることで活動が、または風景がどう変わるのかに興味があります。

長谷川　確かに、一個人が風景全体をどうこうできることってないじゃないですか。基本的に自分は風景の一部であり、一部が全体の動きを把握することは極論すればわからない。最近、少しずつですが僕なりに状況をつくるために必要なことがわかってきました。たとえば、この店の場合、ただ好きなものを選んだらセレクトショップだけれどそれとはまったく違う。デザインを通して何かを変えたいと思うこと。何かに向けて動きをつくり出そうとして初めて、状況が生まれるのかもしれません。

しかし、ナガオカさんも山崎さんも10ヵ条全部やろうとするのがすごい。動きがダイナミックですよね。

ナガオカ　まだまだできていないことがありますが（笑）。ただ、よく「できないことを言うな」と指摘されるのですが、やりたいことを言っているわけで、できるかできないかの話ではないと思うんです。できないからやらないというのはつまらないでしょ。

山崎　穴だらけの大風呂敷を広げましょう。穴だらけでも、大風呂敷を広げて語っていれば、いろんな人が集まってきてそれぞれのやり方で穴をふさいでくれますから。

対談 1

現場訪問

姫路市・家島のまちづくり

山崎が代表を務めるstudio-Lが継続的に活動している、兵庫県姫路市家島町。住民が自立してまちづくりを行えるよう、まちづくり研修会や住民ワークショップ、島外の大学生による島の魅力発見プロジェクト「探られる島」などを企画。2006年度には地元の主婦が中心となって「NPO法人いえしま」を設立し、活動の主体は住民へと移っている。

長谷川 浩己

山崎さんが関わっている家島にやってきた。実際にどんな声で、どんなことを話しながら入り込んでいくのか、興味津々だった。もう数年が経っているせいか、横で見ているとお互いにうち解けた信頼感溢れる雰囲気だったが、ここまで来るまでにはいろいろと大変だっただろう。山崎さんは自ら異物であることをすごく意識していると思う。そして異物がもたらす波風を、どう使えば状況を良い方向に動かしていけるのか、それをよく知っているのだろう。あの笑顔の裏には冷静な計算があり、全体を把握しつつそれぞれの場面で打つ手が連動している。ワークショップから冊子などのディテールまで、まさしくそれはデザインであった。

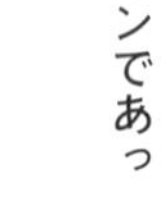

設計事務所で仕事をしていたとき、徐々に二つの悩みを抱くようになったんです。

長谷川　山崎さんに驚かされるのは、その仕事の幅広さです。ハード面のデザインだけではなく、ソフト面でパークマネジメントやまちづくり、さらに地方の町では総合計画も手がけられている。そもそも、山崎さんはどこまでを「デザイン」として考えているのでしょうか。

山崎　一年前にある企画で「デザインの定義」について聞かれたとき、僕は「社会の課題を解決するために振りかざす美的な力」と答えました。今でも自分の仕事を説明するには、適切な言葉だと思っています。デザインは社会的な課題を解決するための行為であり、同時に美しくないと意味がない。共感を呼ぶような美しさを持つものでないと多くの人に想いが伝わらないと考えています。

長谷川　デザインの前に言葉をつけて「○○デザイン」という表現はたくさんありますが、山崎さんの場合は何と表現すればいいのか。デザイナーの原研哉さんが語る「コミュニケーションデザイン」とも違うでしょうし。前にも話したように思いますが、僕は、いわゆる「ランドスケープデザイン」というのは、風景のほんの一部をデザインしているにすぎないと思っています。山崎さんの話を聞いていると、ランドスケープに関わる社会問題はさまざまであることを実感します。いろんなことが混乱しているなかでデザインをしているというのが実情でしょうか。

山崎　僕がまだ設計事務所で仕事をしていたとき、徐々に二つの悩みを抱くようになったんです。一つは、これから確実に日本の人口は減り、経済も低成長へ向かい、税収が少なくなる。その結果、公共事業の予算は格段に減るはずです。今後は、新しい公共施設の整備はおろか、古くなった公共施設の更新もできない場所が出てくる。つまり、今までのように潤沢な公共事業は期待できない。そんな時代に向かうのに、まだ僕たちは「つくり続けるのか」ということ。

もう一つは、毎年ミラノサローネをはじめ世界中で新しいデザインが生み出されている。それらを手に入れた人は幸せになるかもしれないけれど、一方で手に入れることのできない多くの人を生み出すことにもなっている。すべての新商品を手に入れ続けることができない以上、僕たちは常に不足感を煽られ続けることになるのです。デザインがやるべきことは、常に新しいモノの形を提示して、人々の不足感を煽り続けることだけなのか。あるいは、モノの量産とは違うアプローチによって「デザインで人を幸せにできるのか」。

以上の二つの悩みと向き合ううちに、空間をつくらずに目の前の課題を解決するプロジェクトを立ち上げることが多くなりました。特定の課題に取り組む新たな地域組織を立てたり、すでにある空間を使いこなす方法を提案したり、それを実践する住民を育てたりすることが仕事になり出したんです。

山崎さんのまちづくり手法は物語をつくることなのでは？

長谷川　よく「ハコモノ行政」という言葉を耳にしますが、これは公共の目的で施設を設置しながらうまく機能していないことへの批判ですよね。でも、多くの予算を投下する公共施設をつくることが常に悪いかというとそうではない。じゃあ、誰が悪いと決めるのか。その他の選択肢は何か。判断は誰がするべきなのでしょうか。

山崎　願わくは、すべての政策決定プロセスに住民が関わっていてほしいですね。その土地の自然や町の現状を理解して、ハードとしての「ハコモノ」が必要か、ソフトとしてのシステムが必要かを住民自身が決める。事前に省庁や議会が決めてしまわずに、その地域に暮らす生活者が意思表明できる仕組みが必要だと考えています。僕が目指すのは、住民がそれぞれ自分たちの生活や環境に意識を向け、より良い町にしていくシステムをデザインすることです。こうした試みは、人口がそれほど多くはない、数千人くらいの町であれば実現可能だと思います。

長谷川　今までの公共施設にはデザインの目的が明確ではなかったということですか。

山崎　きっと政策に左右され過ぎていたのでしょう。または企業の思惑に振り回されていた。公共事業で言えば、ユーザーを見ずに行政の担当者ばかり見て仕事をするようなデザイナーがいる。企業でもユーザーより企画部や営業部の顔色を見ながらデザインしている人がいる。どうすれば、もっとユーザーとデザイナーを結びつけることができるのか。たとえば、ワークショップはその解決策の一つです。しかし、いつでもワークショップをやれば何とかなるわけではない。ユーザーとデザイナーを結びつける多様なシステムをデザインしないと、旧態依然とした状況は変わらないでしょう。

家島の真浦港。かつて造船業が盛んだった島には、大きな船舶がいくつも停泊する。迫力ある景観とは裏腹に、重工業の衰退は進み、過疎化や高齢化など地方都市が抱える問題はこの島も例外ではない

長谷川　家島での活動を見て気付いたのは、山崎さんのまちづくり手法は物語をつくることなのでは、ということです。人間は同じものを見ても、物語があると親近感がわく。悪用すると恣意的にコントロールすることになるけど、「人間は物語で考える」とグレゴリー・ベイトソン[1]は言っています。これまで、「ハコモノ行政」と批判されてきたのは、物語がなかったからでしょうね。物語の「語り」がない、単なる「物」になってしまっていた。

人が単なる人ではなく、誰と誰という関係性を築き、みんなが主人公になれば、動きも主体的になる。それをサポートしていくのが山崎さんの仕事なんだなと思いました。

山崎　見ていただいた活動は、「探られる島プロジェクト」というものです。島外から大学生を呼びチームに分け、チームビルディング[2]、アイスブレイク[3]、リーダーズインテグレーション[4]といった、ワークショップの手法を用いて結束力を高めていく。同時に、島のフィールドワークを通して見えてきたことをテーマごとに編集し、最後に冊子としてまとめる、という活動です。

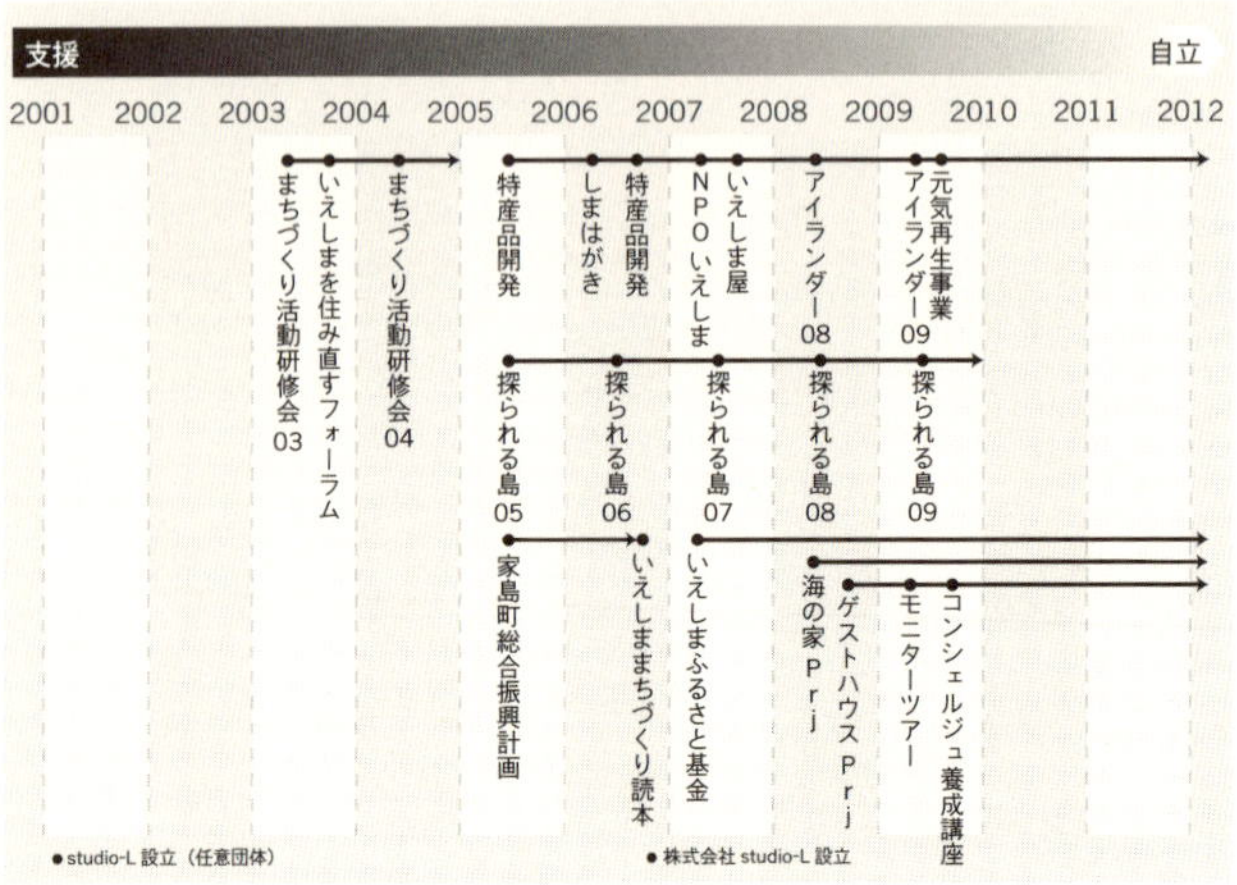

家島での活動は、studio-L の会社組織設立前から遡る。活動の内容は、まちづくり研修会から始め、住民による自立したまちづくり組織の確立へ向けて支援している。NPOの設立によりイベントの数は増えてはいるが、活動の主体は住民へと移っている

島の内と外では町を見る視点に大きな違いがあることを、島の住民に理解してもらうための活動ですね。僕らが関わり始めてから今年で7年目になりますが、徐々に住民のまちづくりへの意識が芽生え、２００６年には島で初めてのまちづくり系ＮＰＯ法人が設立されました。最初は「まちづくり」や「ＮＰＯ」なんて知らなかったし、興味もなかった島のおばちゃんたちが、何か家島のためにやりたいと立ち上がった。これは、自分たちの暮らしを自分たちでデザインしようとする行為であり、僕たちはこの状況を生み出すためのシステムをデザインしてきたんだと思っています。

住民の方々と知り合って、いろんなことを教えてもらい、結果的にそれらが僕自身の幸福につながっている。

長谷川　この数日間はとても印象的な時間で、昨日は京都に新しくオープンするリゾートの工事現場に出ていたんです。京都は特別な場所で、有数の国際的観光地でもある。日本庭園の聖地とも言われる世界に足を踏み入れて、まさにいまだかつてないくらい純粋な〝庭〟をつくっているんですよ。でも、社会問題がうずまく町で仕事をするということとは違い、住民はいない。ただただ、

これまでに行われた「探られる島プロジェクト」の活動をまとめる報告書の小冊子。家島の宝物を学生が発見し、記録した。オリジナルの観光ガイドとしても楽しめる

日本庭園の分厚い歴史や世界の中で職人一人ひとりが選び抜かれた素材と濃密に関わっていく…。それはまさしく京都という町のブランドとなり得るすばらしい文化だと思いますが、この場合の社会的貢献は誰のためなのか。そんな状況からこの家島で山崎さんがやっていることまで僕にとってはすべてランドスケープをデザインしていることなのです。

昨日は京都、今日は家島、明日は岩手のあるプロジェクトで住民とワークショップをやることになっています。庭園設計、まちづくり、ワークショップ…。ハードからソフトへの行き来。この振れ幅がランドスケープデザインの状況を表しているのかもしれない。

この企画で最初から期待していることですが、まだ、僕と山崎さんとの間にあるようなランドスケープデザインの振れ幅を自分で消化しきれていない。きっと自分の中でそれらに共通する何かがあるはずなんだけれど、話せば話すほど、どんどん考えが拡散している。ま、それが楽しいとも言えるのですが。

山崎　僕も同じです（笑）。

長谷川　ハードとソフトという対極したなかにも、グラデーションがあると思うのですが、山崎さんは受けた仕事に対して、その都度どのようにして立ち位置を決めているのですか？

山崎　完全に感覚ですね。デザインかマネジメントか。そのときの状況に応じて自分の立ち位置を見つけます。

長谷川　僕らはハードをデザインしているとはいえ、ソフトとの関わりを必要としている。特に公共空間では、ハードに寄れば寄るほど個人が抽象化される傾向がある。だから、僕もプロジェクトごとにハードとソフトの振れ幅の全体で自分の立ち位置はどこなのかを考える。自分というキャラクターの最適解は何か悩んでいる。でも最終的には、そこに来た一人ひとりが何かを感じとる場所をつくりたいと思っているから、僕はやっぱりハード派なんだろうな。

山崎　僕も設計事務所にいた10年前までは、ハードに偏っていたんだと思います。デザインが大好きでしたから。でも、「二つの悩み」が生まれてからは、やるべきことはソフトのデザインやマネジメントではないかという感覚に襲われてしまった。後ろ髪引かれながらもソフトについて仕事を進めていった。そして、パークマネジメントからまちづくり、さらには住民参加による総合計画づくりにまで携わることになった。

今では、僕の役割はデザイナーの心理を理解したファシリテーターなんだと思っています。「二つの悩み」を感じて、ハードのデザインに興味を持ちながらソフトのマネジメントに移行してきた人間ですから。たまたま人と話すのが好きだったこともあって、ワークショップなどの仕事をやり始めると楽しくてしょうがない。全国各地でまちづくりに関わる住民の方々と知り合って、いろんなことを教えてもらい、結果的にそれらが僕自身の幸福につながっているような気がします。

長谷川　その飛躍が面白い。山崎さんは珍しいタイプの人だよね。

山崎　長谷川さんもそうですよ！　ソフト派の気持ちを理解しているハード派

NPOいえしまを立ち上げた家島のおばちゃんたち。山崎は、何よりも町の人たちとの会話を楽しみ、その風土で生み出された料理を好む

というのは珍しい。僕たちみたいなファシリテーターと長谷川さんみたいなデザイナーとが一緒に仕事をすれば、これまでとは違ったランドスケープデザインが生まれたり、新しい状況が生まれたりするかもしれませんね。

長谷川　そうですね、一度どこかでやってみたい。先のワークショップでも本当に知りたいのは、住民の欲しいモノが何かということではなく、なぜそれが欲しいのかという理由。コミュニティの深層心理を知ることが設計の大きな頼りになると思います。

山崎　「何が欲しいか」ではなく、「何がしたいか」を聞き出すことが大事ですよね。カタチはデザイナーに任せて、住民には「そこで何がしたいのか」を徹底的に考えてもらえればいいと思います。そのとき、住民の意見をうまくまとめてデザイナーへ伝える役割が必要になります。その人は、できればデザインについても知っている人であってほしいですね。単なるコミュニタリアンではデザイナーとの幸せなコラボレーションは生まれないように思います。

山崎さんのような仕事に憧れている学生が多いのは、時代の空気なのかもしれない。

長谷川　山崎さんが話すように、確かに時代は変化していて、定かではないですが、聞いた話ではイタリアの建築デザインの仕事の8割は修復で、新しいデザインを生み出すチャンスは2割だとか。日本もある意味このような状態になりつつあるのでしょう。

山崎　それは成熟した社会の一つのあり方でしょうね。時間をかけなければ到達できない社会というのがあるように思います。その一つが、欧州の現状なのかもしれません。そう考えると、日本はまだまだ新しいモノをつくりたがっているデザイナーの割合が高いように思います。ランドスケープデザインを学んだ学生が設計事務所に就職できない、という今の状況は、不景気という一時的な理由ではなさそうです。

長谷川　それは少なからずみんなが感じていることだと思います。

山崎　だとすれば、たとえば『ランドスケープデザイン』誌のように作品紹介を主としてきたデザイン誌が何を伝えるべきなのか、ということも少し考えたほうがいいように思います。これまでと同じように、カタチをつくるデザイナーばかりを紹介するのではなく、これからの時代に必要とされるデザインとは何かを示すことも重要なのではないでしょうか。風景に関わる

「探られる島プロジェクト」へ参加するため家島に降り立つ学生たち。3日間のワークショップへの期待に高鳴る彼らの表情はイキイキとしている。学生にとっては、地方都市の現状を知る貴重な機会だ

仕事はかなり幅が広い。学生が雑誌に掲載されているデザイナーに憧れて、大学で一生懸命デザインを勉強し、卒業して社会に出てから「仕事がない！　だまされた！」と思うような状況は避けた方がいいですね。

長谷川　今、山崎さんのような仕事に憧れている学生が多いのは、時代の空気なのかもしれない。もしくは、数年先に社会に出て行った先輩の現状を冷静に見ているのかもしれない。でも、逆にものづくりをしないというか、否定的な〝アンチハード派〟はつくりたくないと思います。

山崎　正直に言えば、僕も最近の学生の〝アンチハード派〟的態度は気になっているんです。まだカタチをつくったことのない人が「もうハードの時代じゃないよね」と口先だけで言うのはおかしい。カタチをつくるというのは、現場の職人、クライアントの意見、予算、法規、構造など、いろんな要素に気を配りながら進めるということであり、バランス感覚を学ぶことができる。そのバランス感覚があれば、多様な住民の口から出てくる多様な意見をまとめるときにも、うまくバランスをとりながらワークショップを進めることができる。

社会が成熟期に入るということは、適正な規模のものが適正な数だけつくられる社会になるということ。ものをつくること自体が否定されるわけではありません。むしろこの時期にこそ、良いデザインとは何かを冷静に考えられるのだと思います。

実はこの対談時には、山崎は原因不明の腹痛に襲われていた。にもかかわらず笑顔で長谷川との会話を楽しむ山崎。もちろん、この後すぐ島の病院に向かい、数日後には再び全国を飛び回っている

もう一度自分たちの生活を自分たちで豊かにしていく住民の力を取り戻したい。

長谷川　今日、もう少し山崎さんと話ができたらいいなと思うテーマは、「デザインにとって課題は必要か」ということ。僕自身は、何のためでもなくデザインするということがやりづらいタイプです。その都度、何か課題を設定していますが、でも本当に課題を解決しているのかを確証する術はない。だから自己言及的なところがあると思っています。

山崎　アートとデザインの違いを説明するときに、「課題」を引き合いに出すことがあります。アーティストが課題を抱えていないというわけではありませんが、さまざまな課題を体感したアーティストがその反応として表現したものがアートだとすれば、デザインはどんな課題に対してどのように回答を与えていくのかを、明確に説明する必要があると感じます。なぜならそこに明確な施主がいるから。デザインにおける施主はアートにおけるパトロンとは違う存在です。もちろん、デザインは一つの課題だけを解決するものではなく、複数の課題をまとめて解くツールだと思います。

長谷川　僕もそう思います。僕らの関わるランドスケープデザインは一般的には対象の幅が広い。たとえば住宅にしても、お施主さんの課題だけが課題と言えるのか、都市全体としての課題や設計者の思いから生まれる課題も含まれる。いろんなフェーズの課題がある。そういう「プロブレム・ソルビング」[*5]もデザインの大きな役割だし、課題をどこまで見るのか、設定の仕方もいろいろあるのでしょう。

山崎　僕の仕事は、「プロブレム・ソルビング」を専門家だけでやるのか、住民だけでやるのかというグラデーションの間をコーディネートしていくことです。公共事業などに多く見られるように、最近は、専門家が解決策を出して、解決された後の状況を住民が楽しむ、ということが当たり前になった。そのために少し行き過ぎた「お客様第一主義」になってしまっている。それを、江戸時代のように住民自らが町をマネジメントする状況に戻すため、僕はコミュニティデザインを仕事にしています。

それから、基本的には「人と人とがつながっていない」という大きな課題があるので、極端に言えば、つながればまずは成功と思うところがあります。つながった人たちが、自分たちが考える地域の課題を自分たちの力で一つずつ解決し、それが他の方にも感謝される活動になることで、コモンではなくパブリックの領域にもプラスの影響力を持つようになり、持続的な問題解決になることを目指しています。

長谷川　僕の課題は自分でも自己満足的だと思うことがあります。たとえば軽井沢の仕事における僕の個人的な最終目標というのは、軽井沢という町が持続的に観光の町であり続けられること。そこの土地にとっても、町の人にとっても、来訪者にとっても、そして事業者にとっても、みんなが満足できて、かつクオリティを維持できるループをつくること。そのために現実の仕事でプロトタイプをつくりたいと密かに思っている。ただ、結果が見えないときは確固たる検証はできないから課題というより、夢に近いかもしれません。

山崎　経済に近いデザインの課題は、僕の言うコミュニティがつながっていない課題と同様に、モノやサービスが売れなくなっていることが大前提としての課題となりますね。

答えのないワークショップをやることはほとんどありません。

山崎　僕の仕事の場合、最終的なソリューションやアイデアを出すのも実行するのも住民の人たちなので、僕の自己満足が入り込む余地はそれほどありません。一方、僕が満足するとすれば、町の人たちが僕の想定を超えた活動をし始めて、端から見ていても「いいな」と思える影響力を持ち始めたときでしょうか。

長谷川　ファシリテーションは自ら媒体しているところがありますね。中井久夫さんのような精神医学系の立ち位置と近いところがあるのかもしれません。でも、僕にはできないなあと思う。僕はカタチを介した方がやりやすい。

山崎　ファシリテーションにもいくつかの種類があります。多くの場合、ファシリテーションは対話の場をつくるためにあり、教育や生涯学習に近いところで活動している。僕の場合は、目の前の課題をどう解決していったらいいかを考えるためにワークショップを行い、副産物として対話や成長がある。だから、ファシリテーションを専門とする方たちからすれば、僕の手法は答えが先にある「仕組まれたワークショップ」だということになる。まさしくそのとおりで、答えのないワークショップをやることはほとんどありません。目の前の課題を解決するために、ある意味では住民を誘導している。その手のファシリテーションをファシリテーションと呼ばない人もいるだろうと思います。

長谷川　誘導しつつ何かを期待しているところもある？

山崎　ありますね。解決策が提示されて僕の仕事が終わりだったら誘導すればいいのかもしれないけれど、みんなで考えた解決策をその後は自ら実行してもらわないと困る。そこへいかにつなげるかが大事です。これが解決策ですよ、と僕が答えを提供してしまうと、言われたからやってみようとなる。そして、やってみてうまくいかなかったら次の答えを僕に求める。そうではなく、「あなたたちがやると言ってやったんだから、ダメだったら次の手を考えてください。その力はもう持っているでしょう」という風に言って住民の人たちに自ら乗り切ってもらわないと、自分たちで町をマネジメントしていくことにはならない。

長谷川　答えを提供してしまうと「状況」ではないということなのでしょう。ランドスケープのデザインもその先を期待するところがある。「状況」という言葉に僕が反応しているのは、そこで完成していない感覚があるから。次に起こる何事かを期待しているところがあるのだと思います。

注

＊１　グレゴリー・ベイトソン：１９０４〜１９８０年。アメリカ合衆国の文化人類学、社会学、言語学、サイバネティックスなどの研究者。主な著書『精神の生態学』（１９７２）

＊２　チームビルディング：仲間が思いを一つにして、一つのゴールに向かって進んでいくためのチームづくりゲーム

＊３　アイスブレイク：会議やセミナーや体験学習でのグループワークなどの前に、初対面の参加者同士の抵抗感をなくすために行うゲーム

＊４　リーダーズインテグレーション：リーダーとチームが一体感を増し活性化を促進するエクササイズ

＊５　プロブレム・ソルビング：問題を発見し、それを解決するための策を見出し、実行するまでの一連の作業

GUEST

04

鈴木毅さん

居方研究家 / 大阪大学大学院工学研究科准教授

すずき たけし / 1957年愛知県生まれ。80年東京大学工学部建築学科卒業。87年同大学博士課程修了後、88〜97年同大学助手。97〜98年大阪大学工学部助教授。現在、大阪大学大学院工学研究科地球総合工学専攻准教授。主な研究テーマは、人の居方からの環境デザイン、生態幾何学、居住環境のリストラクチュアリング。世界中の公園や都市空間、建築物のなかに「居る」人々の「居方」を観察、研究している。主な著書に『まちの居場所』(共著、東洋書店)、『建築計画読本』(共著、大阪大学出版会)、『OSOTO』(現在ウェブマガジンとして連載中)などがある。

山崎 亮

「いいな」と思える都市空間があるとする。それがなぜいいのかを言葉にしてみようとすると、言葉が足りないことに気づく。「緑が多いから」「おしゃれなカフェがあるから」「町並みが統一されているから」という言葉も悪くないが、そこには人が何をしているのかが含まれていない。思いつくのはせいぜい「賑わい」という言葉くらい。鈴木さんは「もっと多くの言葉を見つけなければならない」という。「思い思い」「居合わせる」「たたずむ」など、人の「居方」を説明する言葉を見つけなければならない。そして、その状況を生み出すための空間づくりや仕組みづくりを考えなければならない。人々の「居方」から発想するハードとソフトのデザインに期待したい。

都市のフィールドワークから、「居方」のバリエーションについて研究するようになりました。

鈴木　僕が「居方」ということについて考えるきっかけになったのは、1990年頃、専門の建築計画の研究をしていたとき、建物種別ではなく人間のアクティビティについて改めて考えたことでした。世界中の都市でのフィールドワークを通して見えてきたのは、日本の都市は個々の建築や施設は立派だけれど、「場所」としては貧しく、「町は綺麗になったが居場所は増えていない」ということ。それに対して問題意識を持ったことから、人間がそこにいる状態つまり「居方」のバリエーションについて研究するようになりました。一言で言えば「居方」は、ある場所にどう居られるかという切り口から、都市・居住環境の質や目標を語るための概念だと考えています。

山崎　僕が初めて鈴木先生の「居方」研究について知ったのは、およそ15年前に雑誌『建築技術』で連載されていた記事を読んだときのことです。当時、大学院生だった僕にとっては、衝撃的

サン・シュルピス広場（フランス・パリ6区）。全身がみえるベンチのデザインと配置が、その人の存在感を強調する（写真・図71～79頁：鈴木毅）

な出合いでした。ところが、建築の専門誌での掲載だったこともあってか、ランドスケープ系の先生に聞いても「居方」を知っている人は少なかった。ランドスケープデザインという分野にとってかなり重要な視点だと思うのですが。

鈴木　建築の人よりランドスケープの人の方が面白がって聞いてくれますね。建築分野では、建物の使われ方や行為を研究するのが基本ですが、僕は特に何もしていないただ居る状態だけでも研究の対象になると考えています。人が居る以上、「走り方」や「座り方」があるように、「居方」があるのだと。

　けれど、実際に研究を進めていくと、良い建築を見学する度に出合う印象的なシーンを説明できる「言葉」が足りないという壁にぶつかりました。プランナーの人はパブリックスペースのコンセプトとして「賑わい」とよく言っていますが、もっとほかの状態もあるだろうと。そこで僕の研究では、居方の状況を表す言葉も同時に考えています。たとえば「思い思い」「居合わせる」「たたずむ」など。それらはそれぞれ異なった「居方」のタイプであり、人がある場所に居る時の独特の状況を指している言葉と言えます。

長谷川　具体的にはどのように研究していくのですか？

鈴木　主に都市の中で見つけた「居方」の写真を撮影し、そこに含まれる関係や質を検討し、タイポロジー

バレバレと呼ばれるインドネシアの縁台（マカッサル沖合のラエラエ島）。個人が家族のために設置するが誰が使ってもよい

によって表現しています。通常、行動と空間の対応を研究するときは、平面図にマッピングするのですが、そうするとその周りの風景や雰囲気が消えてしまう。居方の写真は主に人の後ろから撮ることが多く、そうするとその人の認識している空気も追体験することができるように見えます。

でも、こうした一番当たり前の風景を言葉で説明しようとすると、論文ではなくエッセイ的になってしまうんです。

長谷川　僕も昔、パートナーに、君がしゃべっていることはエッセイだと言われたことがあります。

鈴木　それはなんとなくわかりますね。オンサイトのお二人でもちょっと違うんだろうなと。

長谷川　もちろん僕もデザイン論などは勉強したけれど、興味の中心はちょっと違っている気がします。自分のイメージする状況を説明しようとするとエッセイとかロードムビーのようになってしまう。場所の中ではらんでいる空気感をどう表現し、客観化するかは僕も悩むところです。

居場所は点で存在するのではない、つながっているものなんだ。

長谷川　僕はデザインするときには、「居場所のバリエーションをつくること」を一つのテーマとして考えています。単に座るといっても、無限のバリエーションがある。それが面白いと思っているところですね。デザイナーは、デザインされていない状況の中に点を打っていくようなもの。その一点によってパブリックとプライベートの空気感の間で「勾配」が変化していく。つまりは「状況の勾配」をつくりたい。固定化されていた状況が動き出していくような、常に変化しているような、そんなイメージです。

鈴木　たとえば、「勾配」を特に感じる場所はありますか？

長谷川　特定の場所はないですね。「勾配」は連綿と存在しているもので、濃淡があることだと思うんです。たとえば、「東雲キャナルコートCODAN」[*1]を設計したときは、居場所は点で存在するのではない、つながっているものなんだ、と考えつきました。そのときから設計における隠しテーマが「散歩」となり、設計しながらずっと、人がふらふらと漂いながら、次の場所に誘われるような状況を思い描いていました。

鈴木　僕は、最近は「居場所」とはあまり言わないようにしています。最初は使っていましたが、今や社会的なキーワードにもなっている「居場所」は、〝切実な〟場所としてのイメージが強いからです。パブリックスペースの言葉としてはそれだけではないんじゃないかなと。僕は、本来、居場所には「切実な居場所」と「止まり木」と、「別の世界につながる場所」と3つのタイプがあるのではないかと考えています。それは、昔、「埼玉県宮代町立笠原小学校」を見学したときに考えついたことです。

山崎　象設計集団と高野ランドスケーププランニングの設計ですね。

鈴木　この小学校では多くを学びましたね。建築の仕掛けや場所と子どもたちが密接にからんでいることに驚きました。オープンだけどプライベートに

「東雲キャナルコートCODAN」。6つの街区をつなぐ幅10メートルの歩行者街路は、敷地全体の回遊性を高めるランドスケープデザインとなっている（写真：吉田誠）

なったり、ちょっと立ち寄るような場所、一人だけの場所、二人だけの場所、グループに所属しなくても参加しているように居られる場所。たくさんの「居方」のバリエーションを教えてくれた建築です。

長谷川　山崎さんの場合は、どんな場所をつくっていることになるんですか？

山崎　僕は、今までつくられてきた場所で誰も使わなくなってしまったような空間に、〝新しい状況〟をつくることを仕事としています。残念ながら日本全国にはそういう場所がたくさんありますが、一方でその周辺にはきっかけさえあれば何かをやりたいと考えている人が住んでいることも多い。使われなくなった空間をハードからリノベーションしていくことも一つのやり方だけど、直接住民に声をかけて知らない人同士を結びつけるようにソフトから変えていくと、ハードではなし得なかった状況が生まれる。そして集まった人たちが次第に組織化し、いくつかの組織が立ち上がると、その場所に「勾配」が生まれてくるんですよ。

鈴木　やっぱり新しい世代ですね。今までつくってきたデザイナーはなかなか考えつかない発想です。

　では、それはある一瞬の出来事としてのイベントですか？　あるいは、社会の中に、地域の中にいくつかの組織を日常的に定着させていくように仕掛けら

「埼玉県宮代町立笠原小学校」には、さまざまな居方が用意されている

グループに入らなくてもそこに居られる止まり木

れますか？

山崎　たとえば「兵庫県立有馬富士公園[*2]」の例だったら、年に2回、40の団体すべてが一堂に集まるときはイベントです。一方、日常的には、3〜4つの団体が公園の各所でそれぞれの活動を展開している。その活動を見に来たり参加したりする人もいれば、ただ芝生でお弁当を食べている人もいる。そういう日常的な状況がソフトのデザインからつくり出せるんだということを知ってから、徐々に公園だけじゃなくてまちづくりにも関わるようになりました。

「止まり木」のような場所が必要とされるのはなぜでしょう。

鈴木　千里ニュータウンには、「ひがしまち街角広場」という近隣センターの空き店舗を利用した手作りのコミュニティカフェがあります。これは国の「歩いて暮らせる街づくり構想」モデル事業によって2001年に設立された住民の自主運営の活動拠点です。いつでも誰でもふらっと立ち寄って時間をつぶせる日常の居場所として、世間話から都市計画までさまざまな地域情報の交換の場として賑わっています。ここで中心的に運営している赤井直さんは、「千里に住み始めたときからこういう場所が欲しかった」と言っているんです。

　さらに、調べてみるとこのようなタイプの場所があちこちでできているんですね。コミュニティセンターではなくコミュニティカフェ、特別養護老人ホームではなくグループホームや宅老所、病院の産婦人科じゃなく助産院。カチッとした近代的な施設ではない場所がどんどん生まれている。

山崎　イギリスには、「マギーズセンター」[*3]がありますね。がんの告知を受けた直後の人、ほかの病院でがんを治療している人、がんの治療が終わった人、その家族、友人、誰もが訪れることのできるがん支援センターです。マギーズセンターも助産院も千里の赤井さんも考え方は一緒で、「会社員」「妊婦」「患者」という人間の一つの側面だけで捉える場所ではなく、一人の人間を全人的に受け止めてくれる場所であるところに共通点がありますね。

長谷川　要するに、助産院もマギーズセンターも千里の街角広場も「止まり木」ということですか。そういう場所が必要とされるのはなぜでしょうか。

鈴木　人間にとって必要なのに、建築家や都市計画家がつくってこなかったからでしょう。だから今、生活者自らが現場でつくり始めている。近代の建築家や都市計画家は社会的動物としての人間の側面を軽く見過ぎてきたと言えます。

山崎　近代以前は、人間関係が濃すぎたから、まさかそれが崩れるなんて思わなかった側面もあるのではないでしょうか。かつての集落における地縁型のコミュニティは縛りがきつかった。だから近代以降、教育、福祉、環境など、各種専門分野に機能を分化していっても、集落における厳しい縛りはなくならないと思っていた。けれども、そうやって１００年以上も生活を機能でバラバラに分けてきた結果、どこへ行っても自分を全人的に受け止めてくれる場所がなくて孤独を感じる人が増えてしまった。極度に分化した専門分野を薄く広くつ

「ひがしまち街角広場」（大阪・千里ニュータウン）。誰でも気軽に居られて、多様なコミュニケーションが生まれる場所

なぐ人、たとえば、外科や内科などの専門家ではなく、町医者的な存在が必要とされるようになったんでしょうね。

自分の世界と別の世界をつなぐ中間の世界に興味があります。

鈴木　以前、研究で「自分の世界と別の世界」という模式図をつくったことがあります。いろんな人にあなたにとって大事な場所、好きな場所の絵を描いてもらった。それをＫＪ法でまとめると、「自分の世界」「別の世界」「別の世界を垣間見る場所」になる。自分だけの世界というのは、テレビの前やトイレ、行きつけている場所。反対に別の世界というのは、テーマパークやゲームセンターなどの普段と違うことが楽しめる場所。でもその中間が面白いと思うんです。コンビニや本屋、屋上テラスや子どもが遠くで遊んでいるのを眺めるとか、そういう自分の世界と別の世界をつなぐ中間の世界に興味があります。

長谷川　それは共感できますね。僕もつながっているけど違う世界をつくるんだと、大学の授業で学生に話しています。

「聖路加タワー」（東京・中央区）。テラスから離すことによって手すりにもたれかからず、海のような都市を見て佇む

僕は「誘う」という言葉をよく使うのですが、ある場所が誰かの気持ちを誘うことができれば、初めてその場の状況の勾配が動くのではと考えています。自分の世界と別の世界が連続していることで、気持ちが動く余地があり、その場所を選び取ることができる。連続している中で、自分がここにいるという感覚が持てる場所をつくりたいと思っています。

鈴木　そうですね。僕も、「私はここにいる」という意識を空間的・時間的・社会的に規定・サポートするのが環境デザインの基本だと考えています。居方の周りには、デザインや行動や社会関係などの認識がすべて入ってくる。

言ってみれば、「他人の居方は、私が環境を理解するためのリソースである。あなたがそこにそういることが私にとっても意味がある」と僕の研究では結論づけています。他者の感情に共感するミラーニューロンという神経が注目されていますが、確かに日常の場面では特に仲間じゃなくてもお互いに学びあっているという状況がある。人々は相互認識のネットワークの中にいるのです。

長谷川　他人の居方は自分の居方になる。そういう関係に自然と〝なっちゃっている〟ということですか。

山崎　「人の振り見て我が振り直せ」というのも、状況を表す言葉なのかもしれませんね。

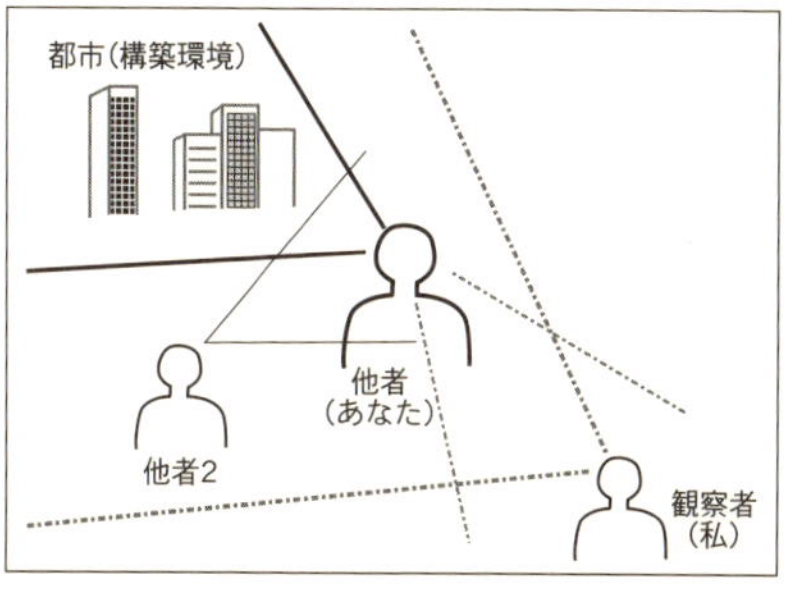

居方模式図。他者にとっての環境は観察者にとっての環境の一部でもある

時間が経った空間に、新たな解釈を加える楽しみが見出せるようになってきた。

鈴木　ところで、「Improv Everywhere」[4] はご存知ですか。ニューヨークを拠点として公共空間に混沌と喜びのシーンを起こす活動集団です。仲間や賛同者にあるミッションを伝えておき、同時に出来事を起こす。日常が突然変化する仕掛けです。たとえば、グランドセントラル駅で200人が一斉に静止する「Frozen Grand Central」、地下鉄の駅にある壊れかけのロッカーやポスターや乗客、すべての要素を作品とみなしキャプションをつけ、駅をギャラリーにしてしまう「Subway Art Gallery Opening」。スーパーマーケットでいきなりミュージカルを始める「Spotaneous Musicals」など。そこには当然何も知らない一般人も居合わせて都市の非日常を楽しむことができる。彼らのこういう瞬間的な出来事の試みを見ると、本来別物で比較すべきではないのでしょうが、ついつい、何十億の予算、十何年という長い時間をかける建築・都市デザインに比べて、費用対効果ということを考えてしまう。

山崎　僕はどちらかというとそっちを狙っていますね。パリでも町中いたるところでアートや演劇などをやっているので、市民が都市の使いこなし方を学習していく。イベントは一過性のもので、時間が経てば消えると思われているかもしれませんが、その経験は各人のなかでいつまでも残っている。そういう都市の使い方ができるんだ、という経験知は人々の記憶に蓄積されていくんです。

長谷川　「Improv Everywhere」も解釈のきっかけを見せていると言えますね。意図的に解釈を操作して頭をゆすっている感じ。そういう「ハプニング」[5] の活動家は日常をわざとずらし、路上観察は観察者が新たな意味をあえて与えているのかもしれないけれど、現代になって町が解釈を加えたくなる空間になってきたのかもしれない。つくってすぐのものではなく、時間が経った空間に、新たな解釈を加える楽しみが見出せるようになってきたと。

鈴木　山崎さんはまさにその解釈をソフト面から加えていますね。

山崎　たとえば、これまでの社会は本気でハードをつくってきた。これからはハードの蓄積を解釈するようなソフトを本気で展開したらどうか。最近、社会資本整備の割合について考えるんです。事業予算が１００億円ある場合に、99億円はハードに使い、残りの1億円を数千万単位に分けて管理やソフトで使っているのが現状です。けれど、仮にこれが相対的に逆転して1億円がハードに、99億円がソフトに使うとなったら、「たかがイベント」なんて言っていられないくらい何でもできるようになる。もし、ある町で「Improv Everywhere」のような活動を一年間やり続ければ、道路を１００ｍ増やしたり公園一つつくったりすること以上に、町へインパクトを与えることができるように思います。

長谷川　僕としては、50：50くらいにしてもらいたいけど。

山崎　僕もそうです。今は99：1だから、少なくとも50：50になったときに、イベントというものの捉え方が変わる。毎日、都市の各所で僕たちの都市生活を刷新するようなイベントが行われている。イベントが「それって結局イベントでしょ」と軽く言われるものではなくなる。都市のハードインフラが出揃った時代だからこそ、生活を充実させるためのソフトインフラを構築するような財源のあり方を模索すべきだと思います。ああ、僕は政治家になるしかないのかな（笑）。

鈴木　山崎さんが目指すのはまさに社会デザインだから、次は政治ですね。僕も学生に親の地盤があるのなら政治家になれって言っていますよ（笑）。

注

＊１　東雲キャナルコートＣＯＤＡＮ：東京都江東区に開発された都市再生機構による賃貸型集合住宅。６つの街区をそれぞれ別々の建築家がデザインし、オンサイト計画設計事務所がランドスケープデザインを担当。長谷川を中心に、エリア内を散策する楽しさを演出するプランをまとめていった。

＊２　兵庫県立有馬富士公園：兵庫県三田市に２００１年オープンした兵庫県内最大の都市公園。山崎らは開園前から周辺地域で活動するＮＰＯ法人などへのヒアリングを重ね、公園を使用する活動団体が管理運営も行うといった、パークマネジメントの仕組みを生み出した。

＊３　マギーズセンター：正式名称は「マギーズ・キャンサー・ケアリング・センター」　建築家のリチャード・ジェンクスが、乳がんの宣告を受けた妻、造園家のマギー・ケズウィック・ジェンクスの残した「がん告知を受けた患者に温かくて優しい支援を」という遺志を引き継ぎ、チャリティで開設していったがん支援センター。イギリス国内には現在６ヵ所つくられ、２０１２年までにさらに４ヵ所の予定がある。

＊４　Improv Everywhere：２００１年ニューヨークでコメディアンによって設立されたパフォーマンスグループ。

＊５　ハプニング：現代美術の各分野で試みられている表現運動の一つ。美術では、ポップ・アート、ニュー・リアリズムなど行動的な芸術運動における一表現手段として試みられている。絵画や彫刻と違って、人間が直接行動を行うものであるが、演劇やスポーツ、ゲームと異なっており、いわば人間と物体の組み合わせによるストーリーのない時間芸術とも言える。（ブリタニカ参照。一部抜粋）

GUEST

05

馬場正尊さん

建築家 / Open A 代表

ばば まさたか / 1968年佐賀県生まれ。1994年早稲田大学大学院建築学科修了。博報堂、早稲田大学博士課程、雑誌『A』編集長を経て、2002年 Open A を設立し、建築設計、都市計画、執筆などを行う。都市の空地を発見するサイト「東京 R 不動産」を運営。東京の東側に位置する、日本橋や神田の空きビルを一時的にギャラリーにするイベント「CET（Central East Tokyo）」のディレクターなども務め、多角的な行動で都市に関わっている。最近の著書に『都市をリノベーション』（NTT 出版）がある。

長谷川 浩己

馬場さんは、本当に多才な人で実にいろんなコトを仕掛けていながら、そのどれもが時代の方向性を示しつつ、しかもツボを押さえている。何度か仕事をご一緒しながら密かに尊敬していたが、馬場さんの真骨頂は単にマルチだということではない。たぶん目指していることは一つなんだろうけど、それへの向かい方が幾筋も見えている。芯が明確である。これは僕が勝手に想像していることだけど、目指していることははっきりとした結論ではなくて、目指す方向にものごとを動かす仕組みなのかなと感じている。そのあたりのことも聞きたかったのだが、相手はプロの編集者でもある。逆にいろいろと突っ込まれ、なんだかまな板の上の鯉になってしまったようであった。

公共空間は、役所の私有空間だと思っているのではないか！

馬場　今日、お二人とぜひ話したいと思っていることがあって…。実は、新しい公共／パブリックをもう一度再認識かつ再構築したいと考えているんです。今、公共／パブリックの概念が劣化しているように思えませんか？　２００９年にフェスティバルトーキョーというイベントの一環で、池袋の東京芸術劇場前の広場に建てる仮設施設を設計したのですが、行政から依頼された仕事にもかかわらず制約が多くて。公共空間は、役所の私有空間だと思っているのではないか！　と不思議な気持ちになりました。

長谷川　いわゆる「公共空間」とは、公共というセクションが所有しているだけで、「公開空地」との違いは、行政か民間かという所有者の違いだけに他ならないと僕は考えます。であれば、所有を明らかにし

「勝ちどきTHE NATURAL SHOE STORE」（東京都中央区）勝ちどきの運河沿いの巨大な倉庫を、靴の製造・輸入販売を行う企業のショールーム&オフィスに（設計：Open A、撮影：阿野太一）

た方がわかりやすい。たとえば、公開空地はもっと民間らしい顔をしていた方が楽しい空間がつくれるのではないか。いっそのこと開き直って、みなさんの代わりに所有していますと言い切ってもいいと思います。

馬場　つまり、公開空地は企業の所有地なのに、役所の管理下に置いているから、イキイキとして活用できる可能性を狭めているということでしょうか。

長谷川　そうとも言えますね。どうしたらいいでしょう。

山崎　マネジメントが必要となるのではないでしょうか？　僕は、所有と利用を二つに分けるのではなく、利用を重ねていくことで、ある種の所有権を持ち始めるという仕組みがつくれないかと考えています。僕が関わる「兵庫県有馬富士公園」では、周辺住民の中にさまざまな特技を持った人がいるので、それぞれに公園の中で自己実現となるような活動をしてくださいと声をかけました。それはもちろん無料の公園利用サービスで、一般の来園者が行政ではなく同じ住民が提供するサービスを楽しめる。所有と利用のどちらにもメリットのある関係を生み出そうと。そこでは、公園のルールも利用者同士がつくっています。その結果、公園管理者である行政は、利用者同士がつくったルールに反する管理や整備はできなくなった。制度上、公園の所有者は行政だということになっているのですが、実質的には利用者組織が公園を〝所有〟していることになっ

東日本橋のオフィスコンバージョン「Re-Know」（東京都中央区）。古い倉庫を、店舗やSOHOとして使える住居に変えた（設計：Open A、撮影：阿野太一）

たのです。

長谷川　有馬富士の例は、周辺の住民がいることで、おおよそ利用者の母数に検討がつきます。けれど、住宅地ではない都心の都市広場となると、圧倒的な不特定多数の人が利用者となるため、途端に顔が見えなくなる。個が希薄になると、公共という概念が捉えづらくなる。どんな利用者がその場所に積極的に関わってくるかということがわからなくなります。

馬場　利用者という主体が見えないんですね。

山崎　たとえば、主体的な利用者のグループをつくってみてはどうですか。近くの商店街の役員さんや大学の先生といった役職ではなく、その公園で実際に活動する利用者が主体となった協議会です。利用者や住民から構成される協議会が公園の「所有者」として前面に出てくれば、顔の見えない行政が所有者である現在の公園とは違って、人々が安心して利用できるような場所になるのではないでしょうか。

馬場　僕にも子どもがいるのですが、怖くて児童公園では遊ばせられない。それは役所という見えないシステムだけがあって、誰が所有者で利用者かという相互の顔が見えないからでしょうね。結果、現在の公園は誰もがイキイキと使える場所ではなくなってしまっている。

公共／パブリック空間＝行政が管理する空間と僕らが思っている図式が間違っている。

馬場　もう一つ、僕がやりたいことは、新しい公共／パブリックの可能性を秘めた事例の研究です。「山形

R不動産」の活動の中で痛感するのは、地方都市では床が余り過ぎていること。賃貸の坪単価という概念が成立するのは大都市だけであって、山形市のような人口25万人程度の都市では通用しません。古いデパートは、テナントが入っているのは一階だけで、二階も三階も空室が目立ちます。つまり、民間のデパートでも、タダでもいいから借りてくれ、という話になった途端に公共空間になる。私有地なのに公に供した空間、そう考えたとき、新しい公共／パブリックの可能性を感じました。

長谷川　知人の話では、イギリスのコモンは、基本はブルジョワ階級向け集合住宅の車寄せみたいな空間だと聞きました。そこを住民が所有して優先的に使う権利も持っていた。完全にクローズされて見えないわけでもないけれど、結構セキュリティは守られている。たまには飛び地の場合もあって、町の中で景観的に大きな存在となっている。それが町の中のコモンだと。さらには、もともとはコモンだったけれど、だんだん公共に開いていってスクエアになったという側面もあるようです。

山崎　イギリスのパブリックはコモンの概念から始まっているそうですよ。よく例に出されるのは、イギリスのパブリックスクールは私立学校であるということ。一部の資産家たちが、自分の息子たちに正しい教育を受けさせようとして学校を始めたけれど、学生が数名じゃ刺激が足りないし良好な教育が成り立たない。そこで、ある条件を満たしているならば裕福な家の子どもじゃなくても入れる学校になった、というのがパブリックスクールの成り立ちだそうです。つまり、もともと個人で所有していたものを開くというところからパブリックの概念はスタートした。

馬場　そうか。公共／パブリック空間＝行政が管理する空間と僕らが思っている図式が間違っているのかも。

ところで、山崎さんは何でそんなに詳しいんですか？

山崎　今、博士論文を書いているからです（笑）。

プライベートな空間を開いた方が手っ取り早いような気がします。

馬場　僕も、いつの間にかR不動産の仕事で不動産に詳しくなってしまいました。けれど、同時に、町を不動産から見る目を持つことになった。まちづくりの活動でも空きビルを利用していくと、今の不動産の在り方自体が非常に窮屈でもったいない状況だと、もどかしさを感じています。けれど、逆に不動産的な賃貸のシステムをドライに整備して行政にうまく働きかければ、公共空間を一部貸して、そのお金でオープンスペースを整備し直すというようなシステムができるのではないでしょうか。

長谷川　コモン的に考えると、公園をつくるときに個人でお金を払った人たちがいたから、その公園がみんなに開かれていったとなると、公園に面した住宅の人たちはその対価として立地に特別な価値が持てるというのはどうですか。

山崎　ニューヨークの「セントラルパーク」は、受益者負担のシステムを適用していますね。公園に近いほど公園税が高い。

馬場　そういえば以前、「東京R不動産」の企画で「お墓特集」を組み、お墓が目の前にある物件を紹介しましたが、評判が良かったですね。視界が開けていて、緑もあるからアリだと。それは公園も同様。その反応を見て、ある層、ある世代に、オープンスペースに対する感受性が芽生えてきたことを実感しました。公園が自分の庭の一部や借景の一部だと思える人たちが増えている。そう変わってきた時代に期待しています。

山崎　一方で、公園には、これからの時代は官がマネジメントやメンテナンスできなくなり、新しい担い手を公に見出さないと価値のない空間になってしまうという危険性を感じています。それには、市民参加のようなボランティアベースで運用することや、土地の一部を売ってビジネスのベースで運用する方法があると思います。上野公園や日比谷公園にある飲食店は、明治時代からあるんですよ。売り上げの一部が公園の維持管理に使われてきたようです。

馬場　その使い方を今に援用できないでしょうか。劣化した公共を開いていくと考えた場合、プライベートな空間を開いた方が手っ取り早いような気がしますね。

長谷川　ランドスケープをデザインする側からすると、まずは公開空地を考えることから始めるのがいいのでしょうね。2009年にオープンした丸の内の「ブリックスクエア」はかなり成功しているように思えますし、馬場さん（Open A）と一緒に設計した「コレド日本橋」の広場なども、公開空地としては親しまれていると感じています。その理由の一つに、僕は「招かれている」感覚があるからじゃないかと思うんです。誰かの家にお招きにあずかっているという感じの方が、日本の国の風土には合っているようです。

山崎　僕はパークマネジメントに関する仕事をする際、最初に主体形成のワークショップというもの15回ほどやります。最初、参加者はお客さんだけど、途中から自分たちで公園を運営する方法について、役割分担を決めながら組織化していく。最終的に「自分たちが公園の運営を担っているんだ」と思える状況をつくり出せれば成功です。もちろん、彼らは公園の所有者ではないですが、利用のルールは彼ら自身が決めていて、ほかの利用者を〝お招きする〟構造になっています。ここに、公園の利用者グループが公園の「所有者」になっていくプロセスがあるような気がします。

公園を住宅のように設計するにはどうしたらよいでしょうか。

長谷川　ここでハード面の話題に変えていきたいのですが。公共／パブリックをデザインするには、誰を相手にするかによってデザインは変わるものでしょうか。

馬場　理想論ですが、公園をデザインするときは、管理方法や運営方法はあらかじめ踏み込んで決めておきたいですね。運営者の顔が明らかだと一気にデザインがしやすくなると思います。用途がある程度

「日本橋コレド」（東京都中央区）の公開空地。ほとんど通路としか機能していなかったスペースを公園のように人が集える空間にリニューアル（設計：オンサイト計画設計事務所 &Open A、撮影：阿野太一）

見えれば、何に向かってデザインしていけばいいかもわかるし、良いデザインも生まれる。児童公園も目的別の公園があればいいなと思うんですよね。ここは身体を鍛えるところ、本が読める場所とかという風に。

長谷川　僕も同じように考えています。公園とは、制度の名前であって病院や図書館とは違うと考えています。だから、公園にも「色」があっていい。色に添わない人は来なくてもいいと思うくらいじゃないと、反対に誰も来ないんじゃないかと思うんです。

馬場　日本では、公園は抽象概念的過ぎて、想像をかき立てられない単語になってしまっているようですね。デザインするには、手がかりや理由や目的があった方がやりやすい。

長谷川　相手がいて、ビジョンがあって、そこで初めて話ができる。

山崎　確かに、僕もハードのデザインをしていたときは、相手がいる方が設計しやすかったですね。住宅を設計するときは、施主が何を要望しているのかが直接分かるから設計しやすい。一方、公園の設計となると急に施主＝利用者の要望が見えないものになって、ともすると打ち合わせの場で公園課長の意見によって設計内容が捻じ曲げられたりする。そこに気持ち悪さを感じていました。当時から公園を住宅のように設計するにはどうしたらよいかと考えていました。そこで、公園を運営する主体を形成して、その人たちと話し合いながら公園の設計内容を考えていこうと、ソフトの仕事をするようになりました。

長谷川　つまり、言い換えると「状況のセッティング」次第ということでしょうか。住宅であっても施主の要望を全部受け入れるのではないし、互いに了解し得る条件を設定する。設計対象が広がった場合、どういう色づけをすればこの場所にふさわしいか、それにより普遍的であるかを考えます。僕は、最終的には、普遍的な空間を目指してつくるけれど、入り口は固有の体験とか空気感のようなものを設定して、そこからふさわしい転がり方ができるようにしている。それは、バイアスというか、均質でのっぺりとしているところに何かがあるわけではない…。

馬場　その感じはすごくわかります。与条件や機能で固めてしまうのも違う。色をつけるとか、バイアスという意味合いと近い言葉で、たとえば建築家の原広司さんが「様相」という表現をしているのに近いものを感じました。これは、僕がまだ掴みきれていないけれど、気になって仕方ない概念です。いわゆる機能主義的な考えでは処理できない公園などは、抽象的で形容詞な世界ですし、追求する余地はありそうですね。

デザインするために仕方のない道であれば、不動産業もやるしかないと思って。

馬場　以前、長谷川さんがあるインタビューで話していたことに、「散歩は人間にしかできない根源的で固有の行為である」ということがありましたね。僕も散歩したくなる空間をデザインしたいけれど、やってみるとすごく難しい。でも、そんな機能に裏付けされていない空間に興味があります。デザイナーとしての挑戦はそこにあるのではないでしょうか。それはランドスケープも建築も同じ。

長谷川　馬場さんは、設計者でもあるし、不動産業にも関わっているし、編集者でもある。ハードもソフトもやる。そこに僕は興味があるんですが、職域的な話でいうと、馬場さんにとってそれぞれの仕事はジャンプしているのか、それともそれらは滑らかにつながっているものですか。

馬場　どちらかというと滑らかですね。自然と広がってしまったので、まあ、いいかという感じ（笑）。ただ、新しい公共ということも、不動産に触れていなかったらこれほど興味を持たなかったでしょうね。今日の話で、所有者のはっきりしたプライベート空間の方が本当のパブリックになる可能性があることはわかりました。家賃という生々しい部分と密接に関わるからこそ生まれるアイデアもある。それが主体を否応なしに決めてゆくからです。デザインするために仕方のない道であれば、不動産業もやるしかないと思っていました。公園にも、こうした資本主義的な説明の仕方をすれば役所も納得できるのではないでしょうか。

近年、ようやく「リノベーション」[*1]が普通のことになってきましたよね。こうなるためには、不動産システムの再構築が必要だったと思います。実際には、契約書の1行や1ページにたどり着くまで苦労している訳ですが、たったそれだけで視界が開けることもある。小さなことの積み重ねによって、リノベーションが社会に確立されて、一般化してみんなのものになったのであれば、公園や公共という概念にも突破口が開けると思います。リノベーションの次は公共という概念にトライしたいですね。

注

＊1　リノベーション：既存の不動産市場では価値の下がってしまう中古物件をデザインによって付加価値をつけ、建物自体を再生すること。

GUEST
06

西村佳哲さん

働き方研究家 / リビングワールド代表

にしむら　よしあき / 1964 年東京都生まれ。プランニング・ディレクター。武蔵野美術大学卒業。建築設計の分野を経て、つくること・書くこと・教えることなど、大きく3種類の仕事に携わる。2002 年デザインオフィス、リビングワールド設立。ウェブサイトやミュージアム展示物、公共空間のメディアづくりなど、各種デザインプロジェクトの企画・制作ディレクションを行う。多摩美術大学、京都工芸繊維大学非常勤講師。最近の著書に『いま、地方で生きるということ』（ミシマ社）がある。

山崎 亮

西村さんは人の話を深く聞く。だから西村さんの書く働き方の本は面白い。しかし今回は僕たちが話を聞く番だ。西村さんから話を引き出さねばならない。そう思って、いろんな質問をした。働き方と出来上がるものとの関係について尋ねると、わかりやすい図を見せてくれた。仕事のアウトプットは、その人の技術や知識によって変化する。それはその人のあり方や存在に左右される。だから、仕事のアウトプットは、その人の働き方や生き方と不可分だという。ナガオカさんの「いいデザイン」の考え方に近い。そんなことを考えながらいろいろ質問していたら、いつの間にか僕たちの「お悩み相談会」のようになっていて、西村さんはそれらの悩みを一つずつ聞いてくれていた。

風景のつくり方の違いは、そのまま僕らの働き方の違いに関係しているのでは。

山崎　僕から一つ西村さんに投げかけたい質問は、風景の「つくり方」と「働き方」についての関係です。長谷川さんと僕はそれぞれハードとソフトの両面からその場所の状況を動かし、結果的に風景をつくるという仕事をしています。同じ状況を目指しつつも風景のつくり方が違う。その違いはそのまま僕らの働き方の違いに関係しているのではないか。こんな仮説を立てて、「働き方研究家」の西村さんと話をしていきたいと思っています。

長谷川　西村さんの視点で僕が面白いなと思ったのは、「仕事」というキーワードに着目されているところです。「そういえば今まで、仕事とは何かなんて深く考えたことはなかった」と立ち返るきっかけになりました。

西村　僕のなかで仕事は何かということを、図で説明してみます（次頁参照）。

海の中にぽつんと島がある。けれど、島は海の上に突き出た大きな山で、水面の下には見えない山裾が広がる構造になっている。ある成果としてのモノを成立させるためには「技術や知識」が必要。けれどもそれだけでは何もつくれない。「技術や知識」を支えるのは、「考え方や価値観」。何を美しいと思うか、何を大事にするかなどの尺度があって初めて、知識も技術も活かされる。さらに、「考え方や価値観」の階層の下には、「在り方や存在」という階層がある。この在り方とは、生に対する態度や姿勢。

この全体が「仕事」だと思うんです。海の上に出ている部分だけじゃなくて。たとえば、バルセロナの

「サグラダファミリア」にしたって、知識や技術だけでできてはいない。ある人たちが、ある時間と命を注ぎ込んでいるから、説得力がある。そこに投入された存在の厚みが人の心を打つんだと、僕は考えています。

山崎　その島の部分を出来上がった風景だとすると、風景にはいろんなつくり方があるけれど、その土地以外のデザイナーがやってきて一気に町をきれいにするタイプのつくり方と、住んでいる人たちが自分たちの町の風景をマネジメントしながらつくるタイプがある。風景を維持し続けるには、この図でいう上と下とがつながっているかいないかに関係すると思いますね。僕は、そこをつなげる仕事をしたいと思っているんです。

長谷川　まさに、その部分に僕は微妙なコンプレックスを感じているんだと思います。在り方や存在の部分をきちんとコミットしないままデザインしているんではないか。立つべき根拠を自分の都合良く考えていないか。結果的に成果であるデザインも本当に上下をつないでいるのかなあ、と。

西村　都合良く…？

長谷川　そうです。自分では海底から山まで描けていると思えても、あくまでもリサーチ的なものがベースになっている。自分でストーリーをつくってそれに意義を持ちたいと思うけれど、そこには必ず恣意性が入ってく

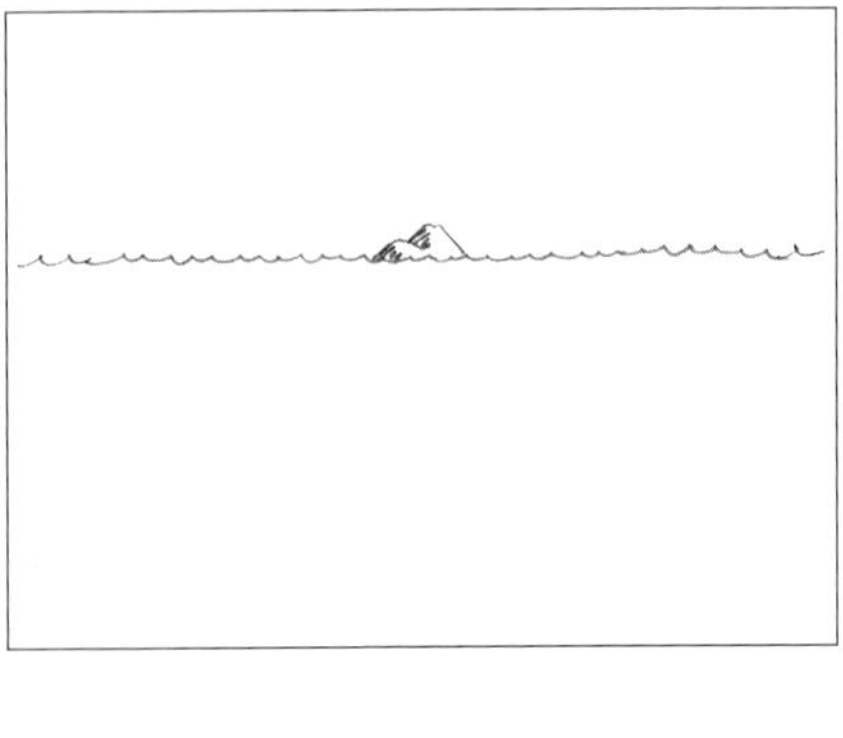

「どんな成果にもそれを成り立たせているプロセスや下部構造が必ずあり、人はその全体を感じ取っている。」（西村佳哲『自分をいかして生きる』より抜粋）

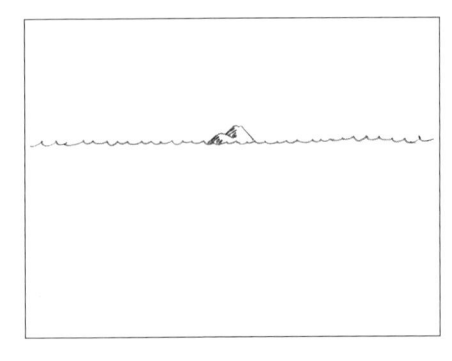

るし、それを方便のように感じることもある。この図を見て、そこに自信が持てないんだろうと思います。

西村　そこを炙りだすために話したわけではないんですけど…。長谷川さんは正直な方ですね。

レスポンスが早い！　だから楽しい。

長谷川　西村さんはいろんな方に会われて働き方についてインタビューされていますよね。仕事の在り方には無限のバリエーションがあるんだと思います。ランドスケープデザインの場合は、住宅のように利用者の顔が見える仕事と都市再開発のように大衆を相手にする仕事とがあって、特に後者は何か見えない世界に向って投げかけている感覚がある。その漠然とした中でどうデザインしたらいいのか考えることがあります。

西村　実は、以前僕はある建設会社にいて、最初の三年間はインテリアデザインを、あとの四年間は広域計画に携わっていたんです。1／1の原寸図から一変して1／2万5千の図面を見るようになって。書いた企画が通ったとしても、出来上がるのは早くて13年後とか…。この頃はモチベーシ

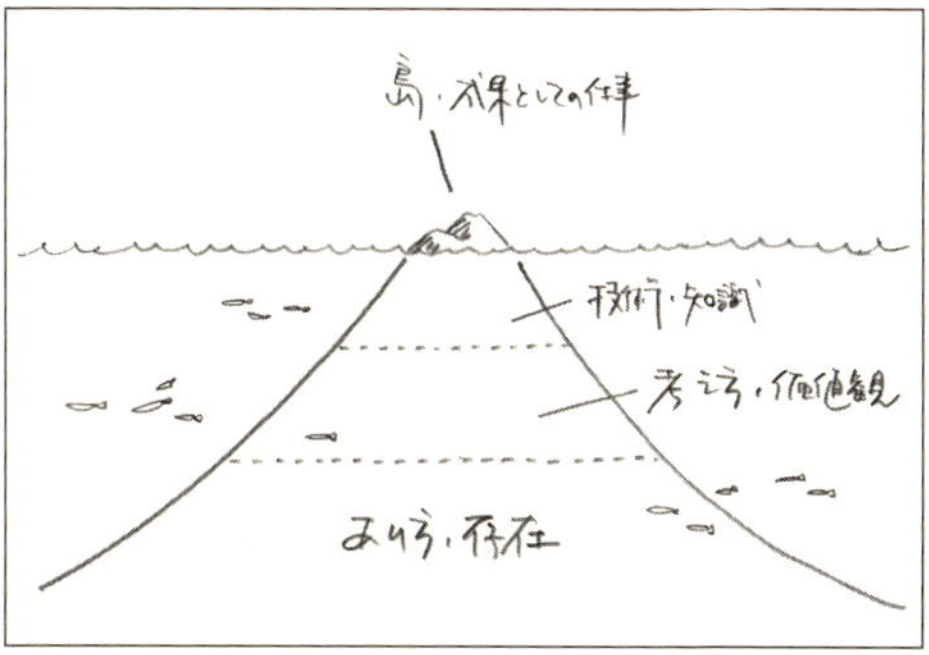

ヨンクライシスでしたね。それは自分の働きに対するレスポンスが足りないからだと気が付いた。当時の憧れの職業は寿司屋の板前でしたね（笑）。今すぐ自分にできることはないかなと考えて、「バウハウス」という犬小屋専門の設計事務所をかまえて、組み立てキットか設計図でパッと納品したら楽しいかな、とも。そんなことを考えているうちに、いろいろバランスがとれなくなって会社を辞めることにしました。その一年後に、雑誌『ＡＸＩＳ』でさまざまなクリエーターの方に「働き方」についてインタビューする連載を始めました。自分がこの人！　と思う人物にアポをとって会い、文章と写真で原稿をまとめれば、３ヵ月後には店頭に並んで、読み手の反応が返って来る。レスポンスが早い！　だから楽しい。この連載は、当時の僕にとって救いでしたね。

山崎　公園をつくる仕事をしていても、ユーザーの声をダイレクトに聞くことはほとんどないんですよね。仕事の相手である公園緑地課長などは「住民の方はみんな喜んでいますよ」と言ってくれますが、本当かどうかはわからない。それが、住民参加型で公園をつくったり、マネジメントしたり、総合計画をつくるという働き方に変えたら、ユーザーとの距離感はかなり近くなりました。逆に言えば、一時期はそれが近過ぎて頭を痛くすることもありましたが、今ではワークショップやワールドカフェなどの手法を用い、当事者同士で意見をぶつけあって新しい価値を生み出すという、自分なりのやり方でプロジェクトを進めています。

西村　長谷川さんのお話を聞いて、ご覧に入れてみたくなった写真があります。これは僕がリビングワールドの仲間とつくったもので、「風灯」といいます。暗くなると、風に反応して光る。短冊のところに加速度センサーがついていて、風が吹くと灯る。小さな太陽光発電パネルを積んで、昼は蓄電している。木の梢を風がわたってゆく風景が現れます。これも、風景や状況をつくるしつらえとしては一緒だと思う。でも、このとき僕らには、誰がこれを喜んでくれているかな？といった不安は、ほぼなかったな。それは、展示の場を通じて、お客さんと同じ時間を過ごしたからなのか。商品がすぐに完売したからなのか。それとも、そもそもすごくプライベートなものだからなのかな。

長谷川　それらすべてだろうと思います。ランドスケープデザインという仕事は楽しいし、それ自体に不安があるわけではありません。ただ、この行為はいろんな意味で曖昧さを含んでいて、そこが面白いけれど、レスポンスもまた曖昧に現れる。だから、たまには自分の、事態を良い方向に向かわせたいという思いの裏をとりたい、と考えてしまうのかもしれません。

西村　僕は広域の建築計画を仕事にしていたとき、これって基本的に穴埋め問題だな、と思ったんです。条件があらかじめ与えられていて、ちょっと頭のいい人

栃木県・益子にあるギャラリー&カフェ「STARNET」で展示された「風灯」
（写真：西村佳哲）

だったら、空欄に当てはめるべき答えは容易に出せる。でも僕は、他人に出された問題の穴埋めをしたいのではなく、問題や、そこで使われる文章そのものを書き下ろしたいんだと思いました。

クライアントとのビジョンの共有はとても大事。

長谷川　大きな再開発の仕事をしていると、自分がデザインする頃にはいろんなことが決められてしまっていて、それこそ穴埋め問題のよう。しかし、穴の埋め方一つでも本来は膨大なスタディを必要としていて、デザインとして十分な対象のはず。レスポンスの見えないことがそれを単なる作業にしているのかもしれませんね。レスポンスを想像して乗り切るか、あとはできる限り決定の段階の前の「そもそも論」に関わりたいといつも思っているし、そう努力しています。

西村　たとえば、ドラフトというデザイン集団のアートディレクターである宮田識さんは、30歳くらいに代理店から仕事を受けないことを決めたと聞きました。それまでは一般的に、代理店からの請負としてデザインの仕事をしていましたが、こうしたやり方がどうしても腑に落ちなくて、彼はやらないことにした。そこに、モスバーガーの先代社長さんが直に仕事を頼みに来たけど、宮田さんは即答せず返事を先延ばしていた。あるとき一緒にゴルフに出掛けてみたら、トイレで使った後の洗面台のまわりに散った水を、その社長さんが雑巾で拭いていた。そのわけを宮田さんが尋ねると、「次に使う人が気持ち良いように」という返事だった。

この時、宮田さんは彼からの仕事を受けようと決めたそうです。宮田さんは、クライアント側の担当部長が「面倒くさい」と感じてしまうほど、徹底的に要・不要とアイデアを交わし合う人です。でも、結果としていいものができるから宮田さんと仕事をするんだとその担当者は話していました。そしてその後、「ラコステ」や「麒麟・一番搾り」などの仕事が生まれていった。裁量の高い人と信頼ベースで仕事ができるのは気持ちがいいし、話も早い。でも開発計画はプレイヤーが多い、そう簡単にいかないんでしょうね。

長谷川　宮田さんの考え方はわかるような気がします。そこまで徹底することはできませんが。結構クライアントに依るところは大きいと思います。彼は僕と違う世界の代表者だけど、ある意味僕に近い人。彼を通じてでしか実現できないことがある。だから、ビジョンの共有はとても大事。僕はついクライアントに意見を言ってしまうけれど、それでもリピートしてくれる人は、僕を煩わしく思っていないということなのかな。

西村　記号としてデザイナーを使いたいということでなければ、リピートするでしょうね。

長谷川　要するに、デザインの中で顔が見えないといいながら、クライアントという人がとりあえず一番近い人なんですよね。彼を通じて考え方や価値観というレベルまで一緒に考えられるつき合い方がうまくできるといいですよね。

山崎　僕の場合、利用者とダイレクトに結びつくような仕事にするよう努力していますね。行政の仕事であれば、まちづくり課、教育委員会、公園緑地課など、発注者は確かにいるけれども、本来のクライアントである利用者と一緒にプロジェクトを進めるようにしています。発注者側もこのやり方を理解してくれればリピーターになってくれます。だからこそ、発注者を通じて利用者の感想を聞き出すことはないですね。そういう意味では長谷川さんと立場は違うなあと思いました。

長谷川　クライアントと発注者の違いは、プロジェクトが公共か民間かで違うのかもしれません。再開発ではクライアントがまずユーザーであり、エンドユーザーは未だ存在していないということでしょうか。単純に言えば、クライアントに何らかの理由でお金が局所的に偏在していて、それを何か意味あるものにしようとしている。それはまず利益の追求なんだろうけど、そこにパブリックという概念が入り込んできたときに別次元の追求すべきビジョンが見えてくる。僕らとしてはそのお金をいかにうまく活かすかということで、クライアントと未だ見ぬユーザー双方に貢献したい。

山崎　発注者とクライアントが同じ場合もありますが、公共空間に関する仕事はむしろ利用者こそが本来的なクライアントであると考えています。発注者は便宜上、その間を調整している人。本当の意味でのクライアントのレスポンスがほしいのであれば、利用者に直接聞くのが手っ取り早いと思います。

効果的な仕事をするためには、効率的な仕事をするための働き方とは違った形式が必要なのではないか。

長谷川　面積が広い再開発は、仕事の分業というか、立場が分業されているところが難しいんだと思います。

西村さんは、全国でワークショップフォーラムなどのディレクションを手がけている（写真：西村佳哲）

誰が何のために動いているか全体像が見えづらいところがあります。

西村　分業のノウハウは持っているけど、意外に協働のノウハウがないのは日本の課題ですね。昔の社会は寄り合いなどの仕組みで成り立っていたけど、戦後は工場を運用するように社会を運用してきましたから。

山崎　僕が住民と接していて思うのは、一人ひとりの生活者は分業ではなく生活の全体像を的確に捉えているということ。各人のトータルな生活感覚をうまく組み合わせていけば、大きな力になると思っています。

西村　住民参加型で総合計画をつくる仕事では、住民が総合的に捉えている生活の視点を大切にし、まずは住民の生活感覚に即した総合計画をつくり、その後でそれらを役所の縦割りに合わせて事業分担していきました。

西村　山崎さんは協働の仕事をなされているんですね。ご苦労も多いかと。効率化を求められる前の段階ですからね。分業の仕事には効率化を求められるけど、協働の仕事では互いが効果的に動けるかどうかが大事ですよね。

山崎　まさに、効果的な仕事をするためには、効率的な仕事をするための働き方とは違った形式が必要なのではないか、と感じています。

　僕の会社には10名の所員がいますが、それぞれが個人事業主として働いています。仕事の発注は個人で受けて、それを事務所内外の人と組んでチームで仕事をしていく。プロジェクトリーダーが予算を管理し、その中でやりくりすることができれば、余った分はその人の取り分になる。プロジェクトをやればやっただけ各人の年収が上がるという仕組みになっています。

　たとえば、集落に入る仕事は泊まり込みで何日もかけて調整したり話し合ったりしなければならないことがたくさんあります。その都度ホテルに泊まったり、タクシーで移動したりしていたら赤字になるような仕事も多い。そういうとき、どれだけ素早く集落の人と仲良くなって家に泊まらせてもらったり、夜行バスを使って交通費を安くしたりするかが重要になります。そのためには、「経費を節減すればしただけ自分の手元に残るお金が多くなる」というモチベーションも大切だと思います。そうすれば、うちのスタッフが二週間ずっとその集落に滞在して住民の相談に乗り続けることもできる。住民の意識を変える必要があるまちづくりの仕事には、結果的にこうした独特な働き方がある種の効果を生み出しているのかもしれない、と最近感じるようになりました。

西村　なるほど。効果を生んでいるとも言えるし、お金を使うかわりに「関係」を使うということでもありますよね。たとえば、僕の肩を今、誰かが揉んでくれたとします。お礼にお金を渡したらそれまでだけれど、何もしないでいたら「この人に何かお返ししたいなあ」と思いながら生きていくことになる。お互いに関係が清算していない状態は、煩わしさはあるにしても「豊か」ですよね。お金を使わない方が関係を結びやすかったり、維持できたりする。その関係はいいですね。長谷川さんの事務所の所員は何名ですか？

長谷川　僕の事務所は12〜13人です。プロジェクトに対して、その都度チームを組んで設計をしています。極端な効率化はしませんし、関わった仕事は最初から最後まで同じチームでやりたいという思いも大切にしています。もうちょっと大きな組織事務所だったら、分業化が始まるのかもしれないけれど、今くらいがちょうどいいかな。プロジェクトに対して少なくても2人、多くても4人程度でベースのチームを形成する。そしてさらにプロジェクトごとに外部のさまざまな専門家ともチームを組んでいくという体制です。僕の事務所は設計の職能集団だけれど、山崎さんの事務所はさまざまな特技や経歴を持った人が居る方がいいのかもしれないですね。

山崎　studio-L の働き方を今のようなスタイルにしたのは、自分が設計事務所にいたときの働き方に疑問があったからです。ある程度仕事の経験が積み重なると、自分で仕事を取ってきたり、効率良く仕事がこなせたりするようになる。けれど、そうなればなるほど仕事の数が増えていくだけで、給料はそれほど変わらない。あるいは、仕事が少なくなったり、経費を節減せよと言われたら社長に文句ばかり言う。所員が自立していないんですね。もし自分が事務所を設立するのであれば、仕事を取ってきてうまくそれをこなしたら手元に残るお金が多くなるような仕組みにしたいし、だからこそ経費をどれだけ使うかも自分で決められるようにしたいと考えていた。そうやって働き方のスタイルを模索していたら、たまたま今のようなスタイルになって、それが結果的に集落関係の仕事にフィットしているということがわかりました。

西村　「東京R不動産」や「シブヤ大学」[*1]を初め、30代の人たちが手がけている組織は、働き方の工夫が目覚ましいですよね。組織の在り方自体をリ・デザインしている。それは決してコンセプチュアルではなくて、試行錯誤をくり返した結果として、それまでと違うやり方へ向かっているように見える。然るべきことなんでしょうね。

注

＊1　シブヤ大学：2006年9月から開始した、東京・渋谷を拠点に一般向けの公開講座を実施するプロジェクト。

対談 2

現場訪問

軽井沢・星野リゾート

長谷川は、オンサイト計画設計事務所の仕事を通じて、軽井沢における星野リゾートの開発事業に10年以上ものあいだ関わっている。「ホテルブレストンコート」(1999, 2002, 2004, 2008年）「星のや」（2005年）「ハルニレテラス」（2009年）など、時間をかけながら徐々にランドスケープをデザインしているのが特徴的。

写真：吉田誠

山崎 亮

長谷川さんが設計した星野リゾートを訪れた。もともとランドスケープデザインに携わっていた身として、設計者の解説付きでじっくりと空間を体感できたのは幸せだった。と同時に、コミュニティデザインに携わるようになった今でも、ランドスケープデザイナーだったときと同じような思考で仕事を進めていることに気づいた。2つのデザインの方法論における共通点について長谷川さんと話をしていたら、結局「誰のためにデザインするのか」という問いを共有していることがわかった。「ものをつくる派」と「つくらない派」の2人だが、目指している風景や状況にほとんど変わりがないことが再確認できた。なるほど。だからこの鼎談は楽しいんだな、きっと。

まちづくりの仕事と共通するところをいくつか見つけることができました。

山崎　今まで僕が見てきた長谷川さんの仕事は、都市的な広場が多かったように思います。だから、星野リゾートを見学させていただいて、少し長谷川さんの仕事に対する僕の印象が変わりましたね。このプロジェクトは長谷川さんの仕事においても特殊な例なのかもしれませんが、僕の仕事と共通するところをいくつか見つけることができました。

まず一つ目は、社交の場をつくること。かつて軽井沢は、東京で暮らしている家族が夏休みに集まり、毎年夏になると再会する子どもたちが遊び、野球大会まで行われていたと聞きました。つまり軽井沢は、東京とは違う第二、第三のコミュニティを形成している社交場。複数のコミュニティに属することで、それぞれ違う立場の自分でいられる状況をつくっている。精神

宿泊施設「星のや」内には、「棚田」のランドスケープが広がる（写真：吉田誠）

的な逃げ場をつくることにも寄与している。長谷川さんの場合は、社交の場としての空間を実際に設計されていますね。

二つ目は、コントロールできないものをデザインしようとすること。その場の自然を極力活かしながら空間をつくっていくことは、地元の人たちの特技を活かしてまちづくりを進めるということと似ています。樹木にしろ人にしろ、なかなかすべてをコントロールするのは難しい。それを調整するデザインという意味で、工夫していることに共通点がありそうです。

最後は、外の目を持つこと。さきほど、星野リゾートの仕事に関わり始めた当初に整備したという遊歩道を歩きましたね。クライアント側は、単なる雑木林だと見ていたところを「その場所には価値があるから遊歩道を通してはどうか」と長谷川さんが提案したと聞きました。つまり、長谷川さんが外部から見た視点で空間の価値を見出した。僕らは具体的な空間を「差し

ホテルブレストンコートの森は結婚式の舞台にもなる。年月をかけながら徐々にリニューアルしていったエリアの一つ

込む」わけではないけれど、外部の人を町に呼んで、内部の人との対話を通して町の魅力を顕在化させる手法をよく使います。

この三点が僕らのまちづくりの仕事と似ているなあと思いました。

長谷川　そう言われると、似ていますね。三つ目でいう「差し込む」って「関与する」ということですよね。それには、プラスを生み出すために積極的に関与する場合と、あえて何もしないという関与があると思いますが、そのバランスを見ることがデザイナーとしてのクリエーションということでしょうか。

山崎　長谷川さんは、地域に入って発見した価値に対して、どこまで手を入れてどこまで手を入れないかを考えているんだと思うんです。自分が見つけた空間の価値を顕在化させるために、遊歩道など必要最小限のデザインを差し込み、より多くの人が魅力的だと思う空間にする。それを繰り返していくことで、少しずつ施主の信頼を得ているから仕事がつながるんだろうと思います。

長谷川　遊歩道のデザインは、何もしなければ存在しなかったもの、存在しなかった世界が急に現れて来る面白さがある。ゼロをプラスにするというのは、ある意味リスクが少なくて確信が持ちやすい。けれど、敷地条件に対して適正規模を応えようとなったとき、ここまでやったらだめだけど、ここまでだったら大丈夫というのは"Trust Me"の世界。それは人を相手にしても一緒でしょうね。

山崎　まちづくりをやっていても、活動のあまりない状態をゼロだとすれば、そこに新しい担い手を生み出していくことができればプラスになる。ただ、どんな活動団体が立ち上がってくるのか、という点については同じく"Trust Me"の世界ですね。

星野エリアを散策できる遊歩道。森をかきわけ、遊歩道のルートを見つけ出した

時間をかけて面積に対する価値を増幅していく計画は、先行きが不透明な21世紀における事業プランの一つのモデル。

山崎　もう一つ、僕の仕事と似ているなあ、と思ったのが、空間の使い方と利益について。僕の関わった鹿児島の「マルヤガーデンズ」[*1]の場合は、各フロアの全部をテナントで埋めないで、一部にテナントの入らない〝穴（ガーデン）〟をつくり、その穴をコミュニティの活動場所にすることで、商品を買う人以外の人たちがマルヤガーデンズに来るようになるという仕組みをつくりました。それは、さきほど見学したハルニレテラスの建物の容積率を低くしていることと似ています。容積率をめいっぱい使うことばかりが価値を生み出し儲けにつながるのではなく、あえて減らすことで空間とボリュームのバランスが保たれ心地よい空間が生まれるのであれば、それが価値を最大化することになる。反対に、せっかくの容積率だからすべてを使い切ろうとしすぎることで、空間全体の価値を低めている事例を目にすることが多い。

長谷川　僕自身が経営判断をできる立場ではないですが、個人的には、リゾートは場所の魅力をアピールして観光客に来てもらい、その収益で場所を維持する、というお金の循環が本来の利益の最大値ではないかと考えています。容積率は床面積でどれだけ稼ぐかということであって、ほかの要素は見えなくなってしまう。ここの場合は面積が広いから、星野リゾート全体のイメージを考えるときには、この一画だけで容積率を考えても余計に意味が見えにくいと思います。リゾート全体に貢献し、軽井沢自体のイメージが上がり、来る人が増えれば、企業としてもいいフィードバックになるかもしれない。つまり、中軽井沢全体の魅力アップのために、容積率を下げるということにもつながり得る。ロングスパンで利益になると考えたらそういう考え方もあるかもしれないですね。もちろん一企業としての緻密な計算があってのことですが。

山崎　小さな面積の事業であれば、まずは容積率いっぱいに計画して数年で利益を最大値化させる必要があるのかもしれないけれど、大きな面積を持っている事業であれば、広さとその場の資源を活かしながらロングスパンで利益を上げるように考えることができるでしょうね。時間をかけて面積に対する価値を増幅していく計画は、人口減少や経済停滞など先行きが不透明な21世紀における事業プランの一つのモデルだと言えるでしょう。どこまで人工的に整備して、どこからは手を加えないようにするか。その判断には、経営者だけではなく僕たちにも関係していると思うんです。観光とは「光」を「観る」と書きますね。ランドスケープデザインで言えば、何

星野リゾートでの長谷川の仕事は、時間をかけて広大な敷地のなかにあるポテンシャルを見つけ、それをランドスケープデザインによって顕在化させる

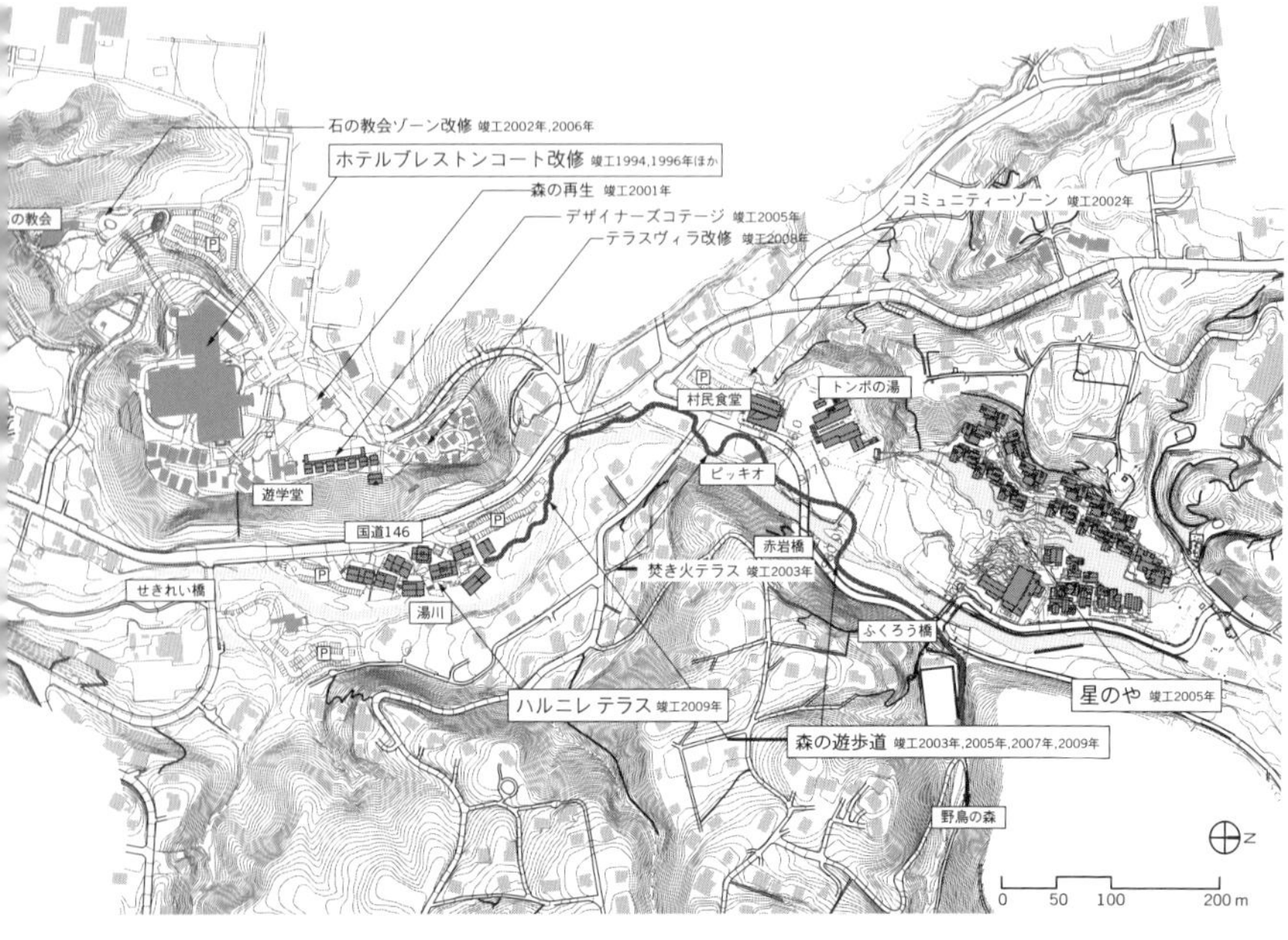

を「観るべき光」として顕在化させるべきか、そのために必要な最小限の整備はどうあるべきかを考えることが重要なんだと思います。「観るべき光」となりそうな自然資源を壊して過度なデザインを施してしまったら本末転倒ですからね。さらに、それらの「光」がつながっていなければ「観光」地は魅力的にならない。

長谷川　そうですね。ここに関しては確かに場所をつなげていくように意識してデザインしています。それはほかの仕事と比べたら特殊かもしれない。多くの仕事はそれぞれ一度設計したら終わりで、クライアントもそれきり。継続して関わり続けていくことはとても難しい。ただそうであったとしても、ランドスケープデザインの本質は、「つなぐ」ということに大きく依っていることは事実だと思います。

山崎　星野リゾートと長谷川さんとの仕事は、ランドスケープデザインの理想的なモデルだと思います。お客さんに愛される場所を少しずつつくるのであれば、最初は小さな場をつくり、その結果を見ながら方向性を微修正しつつ次の場をつくることができる。場の経験を蓄積させながらデザインすることができますよね。人の動きや植物の成長を観察しながら少しずつ空間の価値を最大化させていくデザインというのは、ランドスケープデザインの本質的なアプローチの一つだと思います。

新しいことをやろうとすれば、デザイナーだけでなくコンサルタント的な役割も必要に。

山崎　「ハルニレテラス」は、大きなハルニレを残しながら場所がつくられています。その場合、各テナントが拠出する共益費を使って樹木を大切にする意味を、事業主だけではなくテナントに理解してもらうことも大事なポイントだと思います。どのようにテナントの理解を得ましたか？

長谷川　僕らが直接テナントとの交渉をすることはなかったけれど、仲介役である星野リゾートのリーシング担当者に対しては説明しています。「圧倒的な巨木がこれだけ存在し、しかも国道から近いこんなロケーションは他には絶対ない。この姿が軽井沢に来る人たちが望んでいる風景であり、通年でもリピーターは必ず育つはず」というように、僕が思うここの魅力を伝えた。ただ、星野リゾートとはイメージが共有できていたと思いますが、その価値を実際に坪単価に置き換えてテナントを説得するのは大変だったと思います。結局は、ゆったり取られた広場の部分が収益に貢献するということを、納得してもらわないといけないですから。

山崎　マルヤガーデンズの場合も同じですね。ガーデンに集まる50のコミュニティが活動するためにテナントの共益費を使うことを、各テナントに理解してもらわなければならなかった。これまでのデパートのように、販売促進のための広告やイベントを実施するだけでなく、コミュニティを育成したり、その活動をサポートしたりPRしたりすることが、テナントにとってどういう意味を持つのかをしっかり説明しました。コミュニティの活動がこれまでデパートに来なかった層をデパートに呼び込むようになること、それはこれまでの販売促進イベントではデパートに来なかった新たな顧客層であること、そういう顧客層を呼び込むための活動を各コミュニ

「ハルニレテラス」。高さ20ｍ以上あるハルニレの林を残しながら、商業施設と共存するスペースをデザイン。買いものをしなくても一日中過ごせる場所として居心地の良いランドスケープが用意されている。

ティは無償で（あるいは場所代を支払って）展開してくれることなどを、各テナントに理解してもらう必要があります。それをリーシングの担当者がテナントに説明しなければならない。でも、まったく新しいことをやろうとしているのでみんな不安になる。だから、商業施設にコミュニティが入るメリットについては何度も説明しました。それは、コミュニティに関わる仕事をする人間の重要な役割の一つだと認識しています。単に住民参加の大切さを説くだけでなく、事業スキーム全体に住民参加の費用対効果をどう位置付けるかが重要だと思います。

長谷川　何の仕事にしても僕もいつもその過程に関わりたいと思っているんです。星野リゾートについて言えば、事業プログラムを動かしているなかでも、早い段階から参加することはできる。けれど正直、僕ら自身は山崎さんのように事業スキームから提案することはほとんどない。こうしたらどうですか、と無責任かもしれないけれど、思ったことを発言することはよくありますが。でも、まずはビジョンを共有できるチームかな。星野の仕事の時はクライアントと一緒のチームである感じがあって楽しいですね。

山崎　チームで仕事をすることは重要でしょうね。特にまったく新しいことをやろうとすれば、デザイナーだけでなくコンサルタント的な役割も必要になります。コンサルタントは、当該事業に類似した成功事例を集めて要素分解し、それを再構築して当該事業が成功するであろうスキームを提案する。まったく同じタイプの成功事例はないとしても、各事例の要素を組み合わせて当該事業が成功する根拠を示し、クライアントを安心させるという役割を担います。一方で、いったんクライアントを安心させたら、あとはなんとしても事業を成功させるという覚悟が必要です。

長谷川　一種のノウハウですか。要は説得力ですよね。たとえば事業スキームを除いたデザインコンペがあったとしても、結局できてみないとわからない。数字があろうがなかろうが、その人の発言や図面や模型に説得力があるかどうかが大事になりますね。

民間も行政も関係なく、クライアント＝ユーザーだと思うようになりました。

長谷川　実は、西村佳哲さんとの鼎談（95頁）の延長で、もう少し話したいことがあるのですが。僕らの中で、クライアントのイメージについて少しずれがあったと感じました。僕は、一般的に言うクライアント＝出資者というイメージ。リゾートの仕事で言えば、クライアントを通じて、当然彼らの要求に応えつつ、出来上がる内容を自分自身の信ずる方向性へつなげていきたいとは思っています。山崎さんが言っていたのは、クライアント≒ユーザー。その辺りもう少し詳しく聞きたいです。

山崎　あの時はわざと違いが出るように話したのですが、クライアント＝出資者であるという前提で言えば、大きく分けると公共の仕事の場合と民間の仕事の場合とで異なると思います。

たとえば公園をつくるときの本来的なクライアントは住民だと思います。公園緑地課長ではない。なぜなら税金というかたちで公園整備に出資しているのは住民であって、行政はその窓口でしかないからです。だとすれば、クライアントである住民の意見を聞かずにデザインするというのはおかしい。まずは一人でも多くの住民の意見を聞くためにワークショップを開いたりヒアリングに回ったりする。そこで仕入れた意見が基本的な設計の根拠になるとともに、意見を聞けなかった人たちの利用を想定しつつ空間全体のデザインを決める。同時に、意見を聞いた人たちを単なる要望団体にしておくこともしない。公園が完成した後のマネジメントを担う、主体性を持った住民団体として組織化されている状況を目指します。

一方で民間の仕事、たとえばマルヤガーデンズの場合は、事業主である丸屋本社が出資者でもあり発注窓口でもあったので、当然、丸屋本社がクライアントです。が、どうも僕は行政の仕事の癖でユーザーが満足するように考えてしまう。ユーザーが満足してリピーターにならなければ、結果的に丸屋本社を満足させることもできないので。だから、ユーザーの意見をきっちり聞いて、それを事業にフィードバックさせましょうということになりました。そう考えていくと、これまでクライアントは、民間だったら発注者、行政だったらユーザー、と切り離して考えていましたが、マルヤガーデンズに関わったことで、民間も行政も関係なく、クライアント＝ユーザーだと思うようになりました。

長谷川　リゾートではユーザーをゲストと読み替えれば、その人たちはポテンシャルとして存在しているわけで、実際に話を聞きながら設計をすることはない。けれど、僕らは設計に関わっていて、来た人たちにその場所を好きになってほしいと思ってやっているし、クライアントも同じ。来るべきお客さんの意見を探っていくという、一緒の立場で考えている。

山崎　それは、住民参加をやる前の公園のつくり方と似た構図だと思います。

鹿児島市の中心市街地にオープンした「マルヤガーデンズ」

住民の意見を聞きに入る前は、僕ら設計者も公園緑地課も、住民にとって一番良いと予想される最高のスペックを目指して設計していました。それが、ユーザーである住民の意見を聞き始めたら、デザイナーや公園緑地課が思いもよらぬ意見を知ることになったし、意見を求められたユーザー側も主体的に事業へ関わるようになった。

では、そのプロセスをリゾートに当てはめてみましょう。たとえばリゾートが好きなコアな人たちや、鳥や虫の専門家、トレッキングの専門家などを１００人呼んで一緒にツアーをしながらいろいろ意見を出してもらう。そこで出てきた意見をＫＪ法でまとめてキーワードを抽出すれば、今後ユーザーになるであろう１００人が何を求めるのかが見えてくる。それに基づいてプランを立てるのはどうでしょう。ただ、それだけだと１００人専用の場所になってしまうので、それ以外の人たちにとっても気持ちのいい空間としてデザインする必要はありますね。デザイナーが持つ市民性は、「それ以外の人たちにとっても気持ちのいい空間」にするために使うものなのかもしれません。

長谷川　それも一つのマーケティングと言えますよね。見えないユーザーに対して、こちら側からこういうものをつくりますと立ち上がるイメージを伝えることで、それに賛同する人たちや情報を集めることができるのかも。人を集め

「マルヤガーデンズ」。オープン前に開いた市内外で活動する団体向けワークショップの模様（右）。「ガーデン」と呼ばれるフリースペースは、毎週あらゆるコミュニティが活動を行っている（左）

るには、「参加」というキーワードが重要になってくるのでしょうか。

山崎　そうだと思います。ここでポイントなのは、人を集めるときにはその事業が公益性や公共性を担保しているかどうかということ。住民や利用者に参加してもらおうと思ったら、それが星野リゾートの事業でもナショナルトラストのような公共的な感覚を入れる必要があると思うんです。この土地の貴重な環境資源を活かした公共性の高いリゾートをつくりたいのであれば、それを大事だと思っている人たちが集まるでしょう。そして、その人たちがやりたいと思っていることを実現しながら事業に参加してもらう。そうしないと「営利企業が儲けるために、どうして市民が協力しなければならないのか」という話になる。

長谷川　なるほど…。ただ、リゾートという場所は、あまり参加を通じて当事者になりすぎてしまうと一番大事な「旅人」であるという感覚から遠くなってしまうかもしれないな…。

こうして話しているばかりではなく、実際に何かプロジェクトを組みたくなりましたね。そうすると具体的にいろんなことがストンと腑に落ちるんでしょうね。と、ここまで来て思ったんですが、結局クライアントというのは主体的にその「何か」に関わり、何らかのリスクを負いつつも、僕たちの関与を通じて何事かを実現しようとしている人たちではないかと。つまり、山崎さんはクライアントをつくり出していることになるんですね。

山崎　確かに僕は理想的なクライアントをつくりたいと思っているのかもしれません。無責任に要望したり陳情したりするばかりではなく、権利と義務をしっかり認識した自立的なクライアントを。そんなクライアントの意見を受けて長谷川さんがどんなデザインを展開するか、とても興味があります。

注

＊1　マルヤガーデンズ：鹿児島市の市街地にあった老舗百貨店が撤退したあと、建築はそのままに全面改装し、「ユナイトメント」というコンセプトのもと、２０１０年４月にリニューアルオープンしたデパート。デパートの客ともなる鹿児島市内外のＮＰＯなどの活動団体に呼びかけ、デパート内のフリースペース（ガーデン）を活動場所とすることで、デパートという民間施設を公共性のある場として開いた。

GUEST

07

芹沢高志さん

アートディレクター / P3 art and environment 代表

せりざわ たかし / 1951 年東京都生まれ。神戸大学理学部数学科、横浜国立大学工学部建築学科を卒業後、リジオナル・プランニング・チームで磯辺行久のもと、生態学的土地利用計画の研究に従事。その後、東京・四谷の禅寺、東長寺の新伽藍建設計画に参加したことをきっかけに、89 年に P3 art and environment を開設。2009 年大分県別府市で開催された現代芸術フェスティバル「混浴温泉世界」総合ディレクター。

長谷川 浩己

僕はずっと前から芹沢さんのファンである。もうだいぶ前になるが、彼が主催していたＰ３まで会いに行ったことがあるが、さまざまな著書や翻訳を含めてアートアンドエンバイロメントという言葉にとても共鳴したのがきっかけだったように思う。当時は環境という言葉が世に出回ってきた頃だと記憶しているが、芹沢さんの言葉は、環境というものが何か対象として外側にあるのではなく、立ち位置を見極め、自身を含んだひとつながりの大きな世界を見ることで初めて考えられものだということを教えてくれた。彼が語る言葉は常に「ものの見方」であり、何かしら「世界」の将来に関わっていこうとする僕たちにとって、お会いできた時間はとても貴重なひとときだった。

事故のような出会いで僕の人生もいろいろつながっていきました。

長谷川　僕がまだ学生だった頃、ランドスケープデザインに対して迷っていたことがありました。簡単に言えば、風景はすでに存在しているのにさらに何をするのかということ。そんなとき、芹沢さんの「P3 art and environment」を知り、プロジェクト型で状況をつくり出す仕事に憧れていました。今日は芹沢さんの考える「状況」について話を聞いてみたいと思います。

芹沢　もう忘れてしまっていることもあるけど…。自分の人生には前半と後半があるんですよね。前半はエコロジカル・プランニングで、後半はアート・プロジェクト。そのターニングポイントとなったのが、東京・四谷にある禅寺、東長寺の新伽藍建設計画に参加したことでした。

大学を出たあと、磯辺行久率いるリジオナル・プラ

東長寺で行われた最初の展覧会。「シナジェティック・サーカス－バックミンスター・フラーの直観の海」（1989）（写真：萩原美寛）

ンニング・チームという日本初のエコロジカル・プランニング事務所に勤め、地域計画や環境計画を仕事としていました。そこを離れてフリーで生活していた１９８５年頃だったか、東長寺の開創４００年記念事業の話が出てきました。世の中はバブル期を迎え、檀家さんとの絆も薄くなっていました。新しい時代を迎えるにあたって、都市内寺院の機能はどうあるべきかを考え、伽藍を設計してほしいというのがクライアントの要求でした。僕は同世代のパートナーと住職と一緒に、記念事業の事務局として、半分はこの寺の人間として働くことになりました。リサーチの結果、僕らが提案したのは、伽藍の地下をオルタナティブスペースとして利用すること。ニューヨークでジャドソンメモリアル教会が、空いている地下の倉庫を解放したら、そこに若いダンサーたちが集まってポストモダンダンスの潮流が生まれた事例があります。それにならって、そんな現代文化に開放する場を禅寺に設けてみたらどうだろうと考えました。それを会議で提案したら、いいけど誰がやるんだ、という話になりました。だんだんみんなが僕の顔を見て…俺か!?って（笑）。

それまでやってきた地域計画や都市計画の仕事は、通常、クライアントがいて、彼らに対してプレゼンテーションをし、提案が通ったら終わり。また次のプロジェクトに走り出す。そういうスタンスが染み付いているから、自分がやるという意識は低いですよね。でも、自分が設計に関与した公共性のある場所を、自分で使うというのは面白いと思って引き受けました。それから僕の人生の後半が始まって、やむを得ず現代美術に引き込まれていく。といっても、アートは嫌いじゃなかったんだけど…。

長谷川　アートがやりたかったから場所をつくったというよりは、場所があってだんだんアートに入っていくわけですね。

芹沢　僕が生まれたのは１９５１年で、僕にとっての60年代後半は、今のように多様な居場所もなく、仲間と集まるといっても喫茶店くらい。当時、店内にはボックス席が並んでいて、いろんな連中がやってきます。隣のボックスでは哲学的な議論、別のボックスでは映画のこと、音楽のこと。ボックス席の背はそんなに高くないから、後ろを覗いて「今の話って何？」と聞けば別の世界に触れられる機会がありました。つまり、集まることによって、物理的に思いもよらないチャンスに遭遇する。それを僕は、「エンジェルの微笑み」と言いますが、まさに事故のような出会いで僕の人生もいろいろつながっていきました。

展覧会といっても、何もコネクションがなく、バックミンスター・フラー[*1]しか知らなかったので、オープニングはフラーのワークショップ型の展覧会をやろうと決めました。その後、ラッキーなことに、インゴ・ギュンターや蔡國強《さいこっきょう》といったいろんなアーティストと連鎖して会うことができて、彼らと一緒に展覧会やプロジェクトを展開していくことになりました。

アートの仕事といっても、やり方がまったくわからなくて、唯一知っているのは、都市・地域開発でやってきたプロジェクト型の進め方。今ではアート・プロジェクトという言い方も普通になりましたが、当時はほとんどありませんでした。それぞれのスペシャリストに加わってもらい、プロジェクトチームを立ち上げ、実現したら解散する。お金を集め、作品を制作し、できたものを社会化する。そういうＰ３のやり方をつくっていきました。

長谷川　プロジェクト型のアートというのは当時珍しかったですよね。Ｐ３の「art and environment」というフレーズは最初からあったんですか？

芹沢　いえ、一番最初は「P3オルタナティブ・ミュージアム・東京」と名乗っていました。ただ、1993年蔡國強と中国のゴビ砂漠で、「万里の長城を1万メートル延長するプロジェクト」を企画していた頃、自分の中にある種の矛盾が生まれるようになったんです。スペースを持っていることはいいことだと思うけれど、場所にしばられたくない。アーティストがノマド的に地域に入るなら、一緒に動いて、僕たちもノマド的に行く先々でP3を移転させて活動するべきじゃないか。もっとフットワークを軽くするためには、どんな活動形態がいいのか。そういう興味や関心を宣言するために、施設的な自己規定を捨て「P3 art and environment」としたわけです。

長谷川　僕がP3の活動を見ていて感じていたことは、アートを用いて大きな世界を意識化させているのではないかと思ったこと。つまり、ある風景に対して何かを仕掛けることでそれまで気付かなかったものを露わ

蔡國強「万里の長城を1万メートル延長するプロジェクト」（写真：森山正信）
「空とも大地とも区別のつかない、ただ灰色が延々とつづく高原砂漠の風景は何とも言えなかった」と芹沢さん

にする。ランドスケープデザインも、何かをただつくるのではなく、仕掛けるためにつくる、そう考えるといろいろできるのかもしれない。芹沢さんのプロジェクト的な動きが、当時の自分のデザインを考えるヒントになりました。そのときはまだアメリカにいましたが、それが自分なりに「状況」について考え始めるきっかけでもあったように思います。

「偶然が起きやすい状況」をつくろうとしているのではないか。

山崎　芹沢さん自身が若い頃に喫茶店に行って、偶然隣の席の人たちが話している話題に興味を持ち、その人たちに声をかけて別の世界を知っていくという話が興味深かったですね。今は、その「偶然が起きやすい状況」を芹沢さん自身が、自分以外の人たちにも提供しようとしているのではないかと思いました。一つのアートだけではなく、町にいくつもアートを点在させることによって、それぞれのアーティストのファンが別のアーティストに興味を抱いたり、ファン同士が仲良くなって帰っていったりする。そういう「偶然が起きやすい状況」をつくろうとしているのではないかと。

芹沢　なるほど。そんな風に指摘されたことはなかったですね。言われてみるとそうかもしれない…。ただ、僕がアート・プロジェクトをやり始めた動機は、偶然をつなぎ合わせるというよりは、「風景」を見せるためでした。

　１９８９年から10年間は東長寺で活動を展開してきましたが、その後の10年は、ランドスケープに引きずられてプロジェクトをしていくことが多くなりました。帯広の競馬場で開催した、とかち国際現代アート展「デメーテル」や横浜の保税地区で開催した「横浜トリエンナーレ」なども、場所に興味を持って携わったアート・プロジェクトです。

　場所とアートは「地」と「柄」の関係のようなもので、どんな服地でも毎日着ていると鈍感になってしまう。けれど、現代美術というとりわけ目新しい柄を点在させれば、見えなかったものが見えてくる。風景を見せるためにアートがある、と言い切るとアーティストに申し訳ないけれど、それでも場所とアートは強い相関関係にあります。通常、美術のための美術館、音楽のためのコンサートホールと、機能主義的に空間を分け、隔離された「アートのための空間」がつくられていくけれど、人生はそんなに区切れるものでしょうか。少なくともアートは、人生全体に関わるものです。作品の価値が絶対不変の純粋価値じゃなくて、状況次

冬以外使われることのない競馬場で行われた国際現代アート展「デメーテル」。会場となった帯広競馬場厩舎ゾーンに展示された、川俣正「不在の競馬場」（写真：萩原美寛）

第で変わったっていいじゃないか。あるときはすごく泣きたくなるほど感動して、あるときはまったく感動しなくてもかまわない。アートはホワイトキューブだけに安住して弱くなるべきじゃないと思うのです。風景と表現はペアであってほしい。それがすべての場をつくっていくことになるんだと。

自分としては、この10年の動機は、場に人を引き寄せたいがために、アーティストに協力してもらって、場所の力を読んでもらって、作品を点在させて、それを探して歩いているうちに風景に迷い込んでしまう。そういう状況をつくりたくてやってきました。それを言い換えると、さきほど指摘してもらったように、人との偶然の出会いだけじゃなく、場所との偶然の出会いも生み出したいと思ってきたのかもしれません。

２００９年に別府温泉で現代芸術フェスティバル「混浴温泉世界[*2]」を開催しました。別府は伝統的な外湯の文化で、町の中に小さな銭湯が点在していて、ほとんど半裸状態で道を歩くおばあちゃんがいるような、パブリックとプライベートとの差が曖昧な町でした。不思議なもので満ちている。ある銭湯を管理している親父さんが勝手につくった箱庭のようなロックガーデンを見つけて、これが面白かったんです。最初、それをアート作品として見せようと思ったんだけど、町の人が普通の行為でやっているものを、アートの文脈で位置付けるのはいやらしく思い、まち歩きのルートをそばに通して、来た人が迷って出会えるようにしました。その方が失礼にならないと考えて。

別府温泉・鉄輪《かんなわ》（写真：草本利枝）。別府は湯の上に浮かんだ町。その在り方がまるごと露天風呂と重なって、アートイベントのタイトルを「混浴温泉世界」と名付けたという

山崎　僕がまちづくりで関わっている兵庫県の家島も、最初は僕たちが面白いと思うことを島の人たちは理解してくれませんでしたね。屋外に絨毯が敷いてあったり、防水加工もされていない時計が屋外に掛けてあったり、使わなくなった冷蔵庫を屋外に出して農機具庫として使っていたり…。パブリックとプライベートが混ざっていて、「家島」という名前通り、島全体が家の中のような場所になっているのが面白いと思ったんです。

芹沢　それらは誰かアーティストが入ってつくったわけではないんですよね？

山崎　島の人が当たり前にやってきたことです。外から来た僕らにとってはそれがすごく面白かった。ところが島の人が「島の売りだ」と思っていることは全然違っていました。そこで、全国から学生を島に連れてきて、彼らが面白いと思ったものや風景を写真にとって冊子にまとめるという「探られる島プロジェクト」を行いました。5年間続けたところ、ようやく島の人

別府・波止場神社の神楽舞台に展示された、サルキス「水のなかの色彩」。整然と並べられた白い器の水に黄色い絵の具を溶かした作品（写真：NPO法人BEPPU PROJECT）

たちにも僕たちが何を面白がっているのかが伝わったようです。外の視点を理解することで、まちづくりに携わる人間としてどういう情報を外部に発信していったらいいのかが見えてくるわけですね。

生命の進化から考えれば、進化の最前線にいる自分がどこに向かっていくかなんてわかりっこない。

芹沢　今、長谷川さんと山崎さんが話されたことを聞いて、地域計画を仕事にしていた当時、どこかひっかかりを感じこだわっていたのは「計画」だったことを思い出しました。T時間後のある目標値をつくって、そこに向かって直線的に実現させていくことに疑問を抱いていました。アポロ計画のような巨大計画なら、月に人類が着陸するというたった一つの目標に向って何百万項目の問題を解決して達成していく方法がとられるわけですが、すべてがそれでいいのか。計画という以上、未来を考えることにもなりますが、そもそも我々は本当に未来を見ることができるのか、はじめにゴールを置いて一直線にゴールへ向かってダッシュすることはできるのか。たとえば、ダムをつくる場合、計画が発表された時点ではリアリティはないけれど、工事が進むとだんだん川が汚れたり景観が変わってきたりして騒がしくなってくる。しかし、走り出してしまった以上、計画者は突き進む。それはおかしくはないのか。そう悶々と考えていたとき、エリッヒ・ヤンツの『自己組織化する宇宙』という本に出合って非常に共感しました。「世界は、そして宇宙は、今、まさに、刻々と生成され続けるプロセスだ」と。そうだ、我々の生命のやり方があるじゃないかと。

長谷川　その悶々とする思いはすごく共感できます。でも、悩みつつも僕はその場に身を置いているんだと思います。アーティストは即時性に優れているけれど、僕らの仕事は規模が大きくなればなるほど、4年後5年後といった計画論的に動かざるを得ない。だから山崎さんや芹沢さんの仕事に興味を抱く。今現在、自分が関わる計画でどこまで先が見えているのか疑問だから、そこで自分自身に言い聞かせているのは、つくり過ぎず孤立させないこと。自分のものだけで自立してしまうのではなく、すでにそこにあるものと依存関係を持っていたいと思っている。もしくは時間の中でのカタチについて、いろんな幅があり得ることを想定している。結果としてのカタチとかツールとしてのカタチとか。まだ他にもやりようがある気がしています。結局世界はカタチを通して現れますから。

芹沢　生命の進化から考えれば、進化の最前線にいる自分がどこに向かっていくかなんてわかりっこない。それこそが「状況」だと思います。生きていれば経験したことのないものがどんどん入ってくる、それに翻弄されずなんとかしてバランスをとろうと必死になる。でも、いろんなゆらぎを全部押さえ込んでいこうとすればするほど硬直化してしまうように思います。クジラやイルカといった海洋哺乳類の胚発生で、海の中で生きるようになったのだから、以前にやっていたようにえら呼吸に戻せばいいじゃないかと思っても、そうしたデザイン変更はできない。我々はつくってしまったハードウェアに、上乗せしてつじつまを合わせていくより他にない。現場の現在ではわからないことがあるんです。進化は、振り返って初めてわかるもの。じゃあ「計画」は、先にユートピアを設定してそこから時間を後ろ向きに見て、逆算して物事を決めていこうとするけれど、その時その時でいろんな可能性があるのに、最初に思考や想像力を限定し、自分をがんじがらめにしてしまっていいのでしょうか。
僕は、長谷川さんが関与する大規模な人工物も好きなんです。それは出たとこ勝負ではなく計画的にやらなければならないけれど、どういうスタンスでそれに取り組むか、状況に対する計画者たちの対応の仕方によって、出来上がるものは大きく違ってくるんじゃないかと思います。

長谷川　みんな何かしらの計画を立て生きているんだけれど、芹沢さんや山崎さんの立て方もしくは立てた先は、オープンエンドとして目標を置いているように感じます。僕はハードをデザインする以上、完全なオープンエンドではない。でも、ハード自体に可変性や冗長性を仕掛けられないかと狙っているのかもしれない。ワンゴールのようにしたくない。計画が本来理想なんかではなく、何かのきっかけになるようなことを計画して、ハードウエアのなかで成立することができるのかが、今の僕の興味なのかもしれません。

山崎　僕の仕事の進め方は「今までの計画論と違う」と言われることが多くて、よく「将来像を見据えていないのか？」と聞かれます。一応、その都度その都度で目指すべき将来像は自分の中につくりあげているんですが、まちづくりを進める段階で新しい人や場所に出合って刺激を受けると最初に向かおうと思っていた将来像とは違うものが見えてきちゃう。だから、その時々に新しいシナリオを組み立て直しながら仕事をしています。

長谷川　トラブルが新しいデザインに発展することは、僕も日常的に経験していることです。事故みたいなことが前よりもよい状況を生み出すこともある。事務所のスタッフにいつも言うことは、トラブルがあったら「災い転じて福となす」と考えて、それができることがデザイナーの才能の一つだと。自分に向けた言葉でもありますが。ある程度は想定しているけれど、どこか思いがけない事故を（心のどこかで）期待しているところもあります。

芹沢　「災い転じて福となす」は僕の座右の銘ですね。長谷川さんの話を聞いて、確かに、ハードウエアの設計には、引き返しのつく段階とつかなくなる段階がある、その閾値みたいなものが面白いと思いました。ギリギリまで遊べる、トラブルや予期しないものが入ってこられる段階をどう判断していくかです。

長谷川　それを作戦的にデザインに組み込むことはあります。都市開発などは、状況が刻々と変わるし、クライアントは複数いるし、ある程度は変化に応じてデザインしていくように準備をしている。戦略的にこのプロジェクトにどこまで自由度を持って運べるかを常に考えたいと思っています。それは生命が生き抜いて行く状況と似ているかもしれません。

注

＊１　バックミンスター・フラー：１８９５～１９８３年。20世紀のアメリカを代表する建築家。発明家や思想家としても活躍し、人類の存在を持続可能なものにするための方法を探った。著書『宇宙船地球号操縦マニュアル』は、芹沢さんが翻訳をし、日本の筑摩書房から出版している。

＊２　現代芸術フェスティバル「混浴温泉世界」：大分県の別府温泉の町を中心に展開するアートイベント。２００９年に第1回目が開催。町中にアートを点在させて、偶然の出会いや驚きを誘発させ、別府の持つ場所の力とアートの力で町全体の状況をより面白いものへと変えた。２０１２年には第2回が開催予定。

GUEST

08

広井良典さん

公共政策学者 / 千葉大学法経学部教授

ひろい よしのり / 1961 年岡山県生まれ。東京大学・同大学院修士課程修了後、厚生省勤務を経て、96 年千葉大学法経学部助教授。2000 年～ 01 年マサチューセッツ工科大学（MIT）客員研究員。2003年より現職。社会保障や環境、医療に関する政策研究から、時間、ケア等をめぐる哲学的考察まで、幅広い活動を行っている。震災関連では宮城県震災復興会議委員、朝日新聞「ニッポン前へ委員会」委員を務める。『コミュニティを問いなおす』（ちくま新書）で大仏次郎論壇賞を受賞。他の著書に『グローバル定常型社会』（岩波書店）、『創造的福祉社会』（ちくま新書）など多数。

山崎 亮

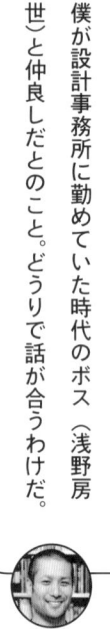

日本型コミュニティの特長と課題をしっかり整理し、今後あるべき都市型コミュニティに関するビジョンも明確な広井さん。この人にとって、ランドスケープデザインやコミュニティデザインはどんな価値を持つ存在なのだろうか。話をするうちに、広井さんの興味がコミュニティを軸にして「福祉や医療」から「空間や都市計画」に移ってきていることがわかった。僕は逆に「空間や都市計画」から「福祉や医療」に興味の対象が移ってきていたところ。話をすればするほど、方向は違えど同じ軸線上にいることがよくわかった。聞けば僕が設計事務所に勤めていた時代のボス（浅野房世）と仲良しだとのこと。どうりで話が合うわけだ。

「コミュニティ」を大きく二つに分けると農村型と都市型があります。

長谷川　広井さんの著書『コミュニティを問いなおす』は、なかでも「コミュニティの定義」に関する論説について興味深く読みました。以前、僕はアメリカで仕事をしていたことがありますが、１９８０年代当時、バークレーではコミュニティデザインが盛んで、それを生業とする事務所もありました。ただ、そのときの「コミュニティ」は地域のローカルなアクティビティという意味合いが強かったように思います。広井さんの考えには、そういう狭い意味ではなく、いろいろなものがコミュニティと言えるとあり、目から鱗が落ちました。

広井　私が考える「コミュニティの定義」にとって大きな視点となるのは、コミュニティを「農村型コミュニティ」と「都市型コミュニティ」に分けて考えることです。コミュニティはつながり、支え合い、連帯意識を感じる集団、と一般的には言えますが、それを大きく二つに分けると農村型と都市型になります。農村型は自分を中心とした同心円で広がってつながっていくもの。ある種の共同体としての一体感を持ち、空気でつながるイメージです。

長谷川　一緒に過ごしている空間や時間などですか？

広井　そうです。一方で、都市型コミュニティは個人が確立したうえで、言葉や理念でのつながりをイメージする。この農村型と都市型はどちらも大事でバランスが重要になります。ただ、日本社会は農村型コミュニティが強いですね。それを私は「稲作の遺伝子」と言っているのですが、過去二千年にわたって稲作を中心に社会をつくってきた歴史背景があるからです。稲作は比較的恵まれた自然環境で小規模の集団で共同作業をするもの。その場合、水の管理などから全体的な同調性が重要となる。つまり、稲作を中心に社会がつくられてきた日本には農村型コミュニティが生まれやすいと言えます。

戦後の日本を一言で言えば「農村から都市へ大移動」の時代でした。都市に移った日本人は、高度成長期は会社と家族といった、都市の中で農村型コミュニティをつくってきたと言えます。その際、人々の関心は「地域」から離れていった。さらに残念なことには、国際比較調査を見ると日本社会は社会的孤立度が先進国で最も高い。それは、都市の中に農村の論理を持ち込んだため。つまり、形のうえでは都市に移ったが、本当の意味での都市型コミュニティは出来ていないのです。これからは、農村型コミュニティのいい面を活かしながら、いかに都市型コミュニティをつくっていくかが課題だと思います。

山崎　僕は、「地縁型コミュニティ」と「テーマ型コミュニティ」という言葉をよく使いますが、地縁型と農村型、都市型とテーマ型はおおよそ一致していると言えますか？

広井　それはするどい指摘ですね。かなり似ていますがイコールではありません。都市とは空間や地域を表すので、単純にテーマ型コミュニティを指すわけではないですね。

長谷川　都市型やテーマ型は、自ら選んで参加しているという感覚を持ちますが、農村型や地縁型は気付いたら逃れられない、しがらみや強さを感じますね。

コミュニティは本来的に〝外部〟に開かれているという視点を大事にしています。

長谷川　そもそも、人間は「群れ」の動物で、それぞれ群れの利益のために集団をつくっていると思います。昔は、自分の群れから外れたらはぐれ猿になるしか選択肢はなかったけれど、今はいろんなジャンルやサイズのコミュニティがある。でもそのときに、コミュニティ同士の利害関係はどうなるのか。自分が複数のコミュニティに属している状況で、一人の人間が引き裂かれることはないのか。なぜそのような複雑な方向に人類は歩んできたのか…と。

広井　長谷川さんは哲学的な方ですね。私もそういう考えは好きです。

　コミュニティには常に閉鎖的なイメージがつきまとうのですが、私は、本来的に〝外部〟に開かれているという視点を大事にしています。以前、サル学者の河合雅雄さんが書いていたものに、サルからヒトへの進化の決定的な要素は、家族が成立したことだとありました。ここでいう家族は、父親が子育てに関わるということ。母親が子育てするのはサルでもある関係性ですが、父親は外の社会とつなぐ存在で、子育てに関わることはサルにはなかった。また、同じく河合さんは、人間の特徴は「重層社会」をつくることにある、とも書いています。「重層社会」とは、個人からいきなり社会があるのではなく、その間にもう一つ中間的な集団があるという構造。この二つの議論は、いわば同じ現象を別々の側面から見ていることだと言えます。つまり、重層社会における中間的な集団がコミュニティを意味する。内部的な関係と同時に外とのつながりという要素をあらかじめ持っていて、この二重性がコミュニティの本質と言えるのではないかと。

長谷川　それは単純な「群れ」とは大きく違うようですね。

広井　アメリカの都市論者であるジェイン・ジェイコブズ[*1]が言う、コミュニティは定住者と出入りしている流動的な層があって初めて安定するという話とつながってきます。

長谷川　仮に、コミュニティがどんどん多層化しているとは言えないでしょうか。ネットでも、いろんなコミュニティに属せる環境にある。コミュニティという性質が本来外部に開かれているとすると、そこへのアクセスのチャンスが増えれば増えるほど、コミュニティは必然的に多様化かつ多層化していくものなのでしょうか。縦方向だけでなく、また横方向だけの重層でもない、もっと3次元的な複雑な分布のイメージです。

広井　それは、あまり考えたことはなかった。逆に長谷川さんの考えを聞いてみたいですね。

長谷川　特に考えがあるというわけではないのですが…。僕らは、どこかの場所を設計するときは常に、その場にあるコミュニティに対して異物として参加していると思います。その場合、各コミュニティが〝コミュニティマップ〟のようなものの中でどのような位置なのかがわかると、設計者としての自分の立ち位置も見えて来るかもしれないと…。

若者たちがこれまでの日本に欠けていた都市型コミュニティをつくっていくような兆しが出てきているようです。

広井　最近、大学で学生を見ていると、良くも悪くもつながりやコミュニティに関心が強いように感じます。

特に、モチベーションの高い学生層が故郷で地域再生に関わりたいと話すことが多くなりました。

山崎　建築や都市計画を学ぶ学生たちも、ここ10年で地域コミュニティへの関心が高まってきたようです。大学やイベントなどでレクチャーをすると、「まさにそんな仕事がしたいんです！」と学生が食らいついて来る。ただ、若者が属するコミュニティにもいろんなグラデーションがあるようです。以前、代々木公園で大学生くらいの若者たちが縄跳びをしているのを見かけました。最初は仲間内で遊んでいるのかと思って見ていたら、目の前を通る来園者に「飛びませんか？」と誘っていたんです。彼らは公園から依頼されたわけでもなく、自分たちが楽しむために誘っていた。それを見て、若い世代が他者とゆるやかに結びつきたがっているように感じました。

広井　私は若い世代を肯定しすぎる面がありますが（笑）、若者たちがこれまでの日本に欠けていた都市型コミュニティをつくっていくような兆しが出てきているようです。

　たとえば、最近かすかに感じているのは、後の人のためにドアを開けて待ってくれる人が増えてきたこと。こういうのは、さざ波のように広がって行く可能性を持っている。些細な挨拶やちょっとした声掛けから社会の印象が違って来るように思います。特別な親切ではなく、もっと淡く軽いもの。社会学者のリチャード・フロリダが著書『クリエイティブ都市論』でコミュニティについて「強いつながり」「弱いつながり」と解説していますが、その「弱いつながり」の部分が大事だと思います。

山崎　僕も大学時代、海外に留学していたときにも同じような経験をしました。ずっと前を歩いていた人が、僕のためにドアを開けて待ってくれていた。それには驚きましたね。

広井　言葉でも、同じように感じている人は多いかもしれませんが、「ありがとう」という言葉が使いづらい状況にあるように思います。都市型コミュニティの関係性ができれば、言葉も変わってくると思います。10年、20年経てば徐々に変化していくでしょうね。日本人は元々国民性として閉じたコミュニティになりやすいと言われますが、そうではなく、稲作的な世界でうまく機能するような関係性がつくられていました。けれど、戦後急速に都市に移ってきたその社会構造の変化にまだ人々の意識や行動様式が追いついていないとも言える。それに対してこれではまずいと感じているのが若い世代。今はちょうど過渡期であるように思います。ＮＰＯが増えてきたのもその一つの兆候かもしれません。

新たに誕生するコミュニティがセーフティネット的な役割も果たすことにもなります。

山崎　僕は、もともとランドスケープのハードのデザインが主な仕事でしたが、最近では住民参加型のまちづくりや総合振興計画づくりなどソフトのデザインもしています。そこで注目しているのは、住民参加でまちづくりを進めていく過程で、小さなテーマ型のコミュニティがたくさん出来ること。たとえば公園をつくるとき、利用者である住民に集まってもらってワークショップをするうちに、その町の自治会とはまったく違うタイプのチームがいくつも出来る。このチームがその先、どうまちづくりに関わるのかに興味があります。計画自体を良いものにすることはもちろんですが、計画策定のプロセスで生まれたチームが主体的にまちづくりに関わる状況をつくり出せれば、そのチーム自体が重要な成果物だと言えるのではないかと。

それは、もともと地縁型コミュニティに属していた人たちに対して、別のかたちで町に関わるきっかけをつくることにもなる。万が一、自治会の中で孤立してしまっても、別のコミュニティに属していれば精神的に追いつめられないで済むのではないか。新たに誕生するコミュニティがセーフティネット的な役割も果たすことになるとも考えています。

広井　確かに高度成長期のコミュニティは一元化したとも言えます。複数のコミュニティに属することはなかった。そういう意味では、逃げ場のない、一つのコミュニティでしか生きていけなかったのかもしれません。

山崎　都市へ移動しても農村型コミュニティ的な会社や家族を持ち続けることは必要ですが、せっかく都市に来たのだから、もう少し違うコミュニティに属してもいいだろうと思う。ただ、主体的に属する人ばかりではないので、機会があれば必ず参加型のプロジェクトにして、そのプロセスで新しく生まれたコミュニティにより多くの人が関わることができるようにしたい。それによって気持ちが救われた、というようなことがあれば、コミュニティデザインの仕事をしていてよかったなと思えます。

広井　ランドスケープデザインも分野横断型なんですね。山崎さんはハードの設計をしつつ、まちづくりや地域づくりに広く関わられているわけですね。

山崎　そうですね。何の仕事をしているのか理解されづらいですね。

広井　ここ数年、都市計画や建築やまちづくり関係の方々と会う機会が多くなりましたが、ハードだけではなく、ソフト面や社会経済的なこと、そしてコミュニティそのものもあわせて考えて行こうという流れがありますね。日本の戦後の都市づくりは基本的にハード中心だったので、コミュニティ感覚を醸成するような空間という発想が弱かったように思います。そのあたりのソフトとハードの接点が非常に面白いですね。

挨拶一つで別れてしまうような関係性も、一つの場所をつくっていくことになるのでは。

長谷川　僕は、コミュニティという定義をできるだけ広げていきたいと考えています。そうすることで、何のために場所をデザインしているのかをはっきりさせたい。

　僕らが実際設計している場所は、わざわざ訪れるところもあれば、通勤途中の不特定多数の人がたまたますれ違うような都心の駅前広場だったりもする。そこにおけるコミュニティ的感覚は何か、デザイナーとしてデザインする余地があるのではないかと考えることがあります。たとえば、僕が設計した「群馬県立館林美術館／多々良沼公園」では、ここが広い意味でのコ

「群馬県立館林美術館／多々良沼公園」。オンサイト計画設計事務所がランドスケープデザインを担当した美術館のアプローチ。美術館と隣接した多々良沼公園が一体となり開かれた場所として計画されている

ミュニティの触媒になるイメージでデザインしました。犬を連れて散歩に来るとか、誰かを連れて行きたくなる場所になれば、何かの動きを生み出したことになる。また、見知らぬ人と挨拶一つで別れてしまうような関係性もコミュニティとして成立していると思えば、「瞬間生成型コミュニティ」として一つの場所をつくっていくことになるのではないかなど。

広井　面白いですね。そうした空間が一つひとつ増えて行けば、日本社会は目に見える形で変わって行くでしょうね。

山崎　弱いつながりを成り立たせるには、空間の要素も関係すると思います。「この空間が好きな私たち」という瞬間的なコミュニティ感覚というか…。見た目は自分とは関係なさそうな人でも、自分と同じ場所を選んできているとすれば、一種の共同意識が生まれるように思います。

長谷川　僕らが一つの場所をつくるとなると、どうし

「群馬県立館林美術館／多々良沼公園」。入館料を払わずとも、展示室以外の館内を自由に散策できる。さまざまな目的で訪れる人たちと出会う空間が用意されている

てもその形態は存在し続ける。逆に山崎さんはモノをつくらない、もしくはモノが目的ではないところがある。カタチは見えないけれど、そこから派生的にいろんなものができる可能性がある。とすると、土地そのものを直接改変する場合と、土地そのものではなくて土地の上に存在する関係に作用する場合とではアプローチが違ってしかるべき。ただ、ハードのデザインはある特定の使い方や見方しかできない固定的なことだというイメージが何となくある。「ハコモノ」と言われすぎたせいかもしれませんが。そうではなくて場所の形態はもっと通底する基調音のように、低く確実に長きにわたって響くようなものではないでしょうか。

広井　汎用性がある方がいいということですか。

長谷川　そうです。それがジレンマでもあるんです。何かをつくるのであれば、今の使い方をあまり聞きすぎてしまうと今にしか合わなくなってしまうのではないか。タイムスパンの問題かもしれません。用途ではなくて、その場全体を覆う空気感の質を提供できれば一番いいんでしょうね。

山崎　コミュニティに関して言うと、長谷川さんの仕事は弱いつながりを多数の人たちに対して生み出すデザインで、僕たちの仕事は強いつながりを少数の人たちに対して生み出すデザインなのかもしれませんね。公園を利用する人の中にも、一度しか訪れない人や毎週来ているけれどただ芝生でくつろいでいる人と、毎週チームで活動している人がいる。コミュニティと空間とのつながりの強さにもグラデーションがある。そのグラデーションをデザインでうまく補完しあうことが大事なんでしょうね。

広井　私の場合は、山崎さん的な視点から長谷川さん的な視点へ移ってきたようなものですね。私はもともと医療福祉や社会保障からコミュニティを研究してきましたが、そのなかで「空間」というテーマを避けて通れなくなりました。ケアも1対1では完結せず、いかにコミュニティにつないでいくかが大事になる。また、スピリチュアリティというテーマを考えていく中で、地域の中での神社やお寺にも注目するようになりました。だんだんケアからコミュニティ、空間へ関心が移ってきたような流れがありましたので、今の話を伺って共感しました。空間とコミュニティ、ハードもソフトも両方大事なんでしょうね。

場所の質感と同様に、人間関係のグラデーションにも濃淡があるんですね。

長谷川　今日の話を総合すると、つまり、ある状況をつくるためには、ある固定的な解があるわけではなく「グラデーション」が大事だということでしょうか。

山崎　これまでは、そのグラデーションの幅が狭く、選択の余地が少なかったように思います。地域コミュニティや会社や家族は相互の縛りがきつかった。都市空間も制度もがんじがらめになっていた。だからこそ人々を守ることができたという側面もありますが、逆に排他的な状況を生み出すことにもなっていました。グラデーションの幅が広がれば、今の自分が置かれている境遇に応じて属するコミュニティや時間を過ごす場所を選ぶことができる。それこそランドスケープデザインが提供できる公共的なサービスではないでしょうか。

長谷川　場所の質感にグラデーションがあるのと同様に、その中に存在する人間関係のグラデーションにも濃淡があるんですね。

山崎　里山などのように、ハードのデザインがなくても、強いつながりを持つ人たちによってつくりあげられる風景もありますね。つながりの強弱や濃淡が結果的に出来上がる風景に現れるんだと思います。

広井　日本の都市を見ると、建物が周りに対して孤立して建てられている。それは、人と人の関係性の問題。景観の中にコミュニティのあり方が透けて見えるようです。

山崎　僕がランドスケープデザイナーだと言えるのはその1点だけ。「ランドスケープは各種コミュニティが活動した結果の現れである」とすれば、僕はコミュニティデザイナーとして結果的に出来上がるランドスケープをつくっているんじゃないか、と考えています。

広井　ランドスケープデザインが社会的な関わりが強く、多分野とつながっていることがよくわかりました。今は福祉や医療、コミュニティ、空間や都市計画、さらには地域経済の仕組みまで全体を見ながら構想できる人が求められています。ランドスケープデザインはそれを担っている分野だと言えますね。

注

＊1　ジェイン・ジェイコブス：１９１６〜２００６年。アメリカの女性ノンフィクション作家であり、ジャーナリスト。著書『アメリカ大都市の死と生』（１９６１）で郊外都市開発や都心の荒廃について論じた。

GUEST

09

鷲田清一さん

哲学者 / 元大阪大学総長

わしだ きよかず / 1949年京都市生まれ。京都大学文学部卒業、同大学院文学研究科博士課程終了。2007年〜11年大阪大学総長を務める。同年9月より大谷大学文学部教授に着任。哲学者の視点からファッションや流行といった社会現象にあらわれる、つくられた自分らしさについて〈顔〉論、モード論といった独自の論を展開する。また、哲学の発想を社会が抱え込んだ諸問題へとつなぐことで、哲学が社会に対してできることを探求する臨床哲学のプロジェクトに取り組んでいる。代表的な著書に『モードの迷宮』(中央公論社)、『「聴く」ことの力―臨床哲学試論』(阪急コミュニケーションズ)などがある。

長谷川 浩己

だいぶ前に読んだ鷲田さんの著書『「聴く」ことの力』にある「能動的に受け身であること」という考え方は、僕にとって相当に衝撃的であった。ランドスケープデザインとは基本的に受動態であり、デザインすることとは何か自分を表現する手段ではなくて、自分たちを取り巻く場所、地域、または場を共有する人たちとの交信の感度を上げることではないだろうかとなんとなく思っていたからである。鷲田さんはやわらかい物腰で文字通り僕たちの言葉を〝聴き入れて〟くれた。変えようとするのではなく、まず相手の声を聴く。結果として何かが変わっていくのだろう。聴くとは、まさしく態度の問題である。これからのデザインにとって一つのキーワードになるのではないか。

「聴く」というのは究極の能動です。

長谷川　僕は以前から鷲田さんの本を読ませていただいて、特に『「聴く」ことの力』は印象的でした。ランドスケープデザインも、「聴く」という言葉に代表される、「能動的に受け身であること」が大切だと感じています。単に風景といっても、ありとあらゆる他者が否応無く互いに反応している状態だと言える。それは何か新しいものをつくるというよりは、我々が聴きながら入りこむことによって関係全体がシフトする、シフトした関係を受けとめる、そういう感覚が働いている世界だと思います。そこに生じる、進んで受けとめるという態度は、デザイナーとその場所に存在するすべての他者、双方に当てはまるのではないかと。

鷲田　「きく」には、Listenという意味の「聴く」以外に、利き酒の「利く」、さらに中国では診察することを「身体に聞く」という。「きく」にも単に待っている受け身の意味だけではありません。耳があれば聞こえて来るのではなく、ホーッと関心を持つ振りをする、話してもらうためのアクションがあるから聞こえてくるものがある。「聴く」というのは究極の能動ですね。

　これは料理に例えることもできます。大阪の料理は薄味であることが有名ですが、味が薄いとこちらの味覚を喚起される。探りに行くというか、味に敏感になる。それから茶事。茶事は、白湯から始まり、米、酒、そしておかずの後にお茶が出て来る。それは濃いお茶で胃を荒らさないため、すべてはお茶を飲むためだといいます。薄いものというのは、僕らの感覚を立ち上がらせるところがある。つまり、本当にいい風景やいい広場、いい公園などは、ブランコや滑り台のような遊具が用意されているのではなく、すうっと引き込まれて何かしたくなるような、普段抑えている感覚を引き出してくれるようなものだとイメージできますね。

長谷川　なるほど。喚起するというのはピンと来ますね。たとえば料理だったらゲストに対して、公園だったら利用者に対して、彼ら自身の意識の指向性にスイッチを入れるように設えを考えるということでしょうか。

鷲田　それは、客人をもてなす主人のホスピタリティに通じますね。以前、ある新聞に「デザイナーへの願い事三つ」という論考を書きましたが、その一つは、「人々を受け身にしないこと」。遊ぶものが決まっている遊園地などは人を受け身にするデザインと言えるでしょう。

長谷川　与えすぎると人はただの受け身意識になる。翻って究極の能動性は「能動的態度もしくは意識」としての受け身にあるということでしょうか。

山崎　コミュニティデザインでも同じことが言えますね。気持ちを引き出すような対話の方法がある。「ファシリテーション」は、相手の気持ちや言葉や行為をすうっと引き出してくる技法のことを指します。

多義的であることを止めてしまうのは、
パブリックスペースの息の根を止めてしまうこと。

鷲田　デザイナーへのお願いのもう一つは、「多義的なものを多義的なままにすること」。私が家の中で一番面白いと思う場所は、台所。食事しながら酒飲みながら考え事ができ、男も子どもも入れる場所。道路も、車が通り、人が歩き、主婦にとっては井戸端会議をするところであり、子どもにとってはグランドでもあった。けれど、台所も道路もゾーニングすることで機能分離されてしまい、空間が味気なくなってしまった。
最後は、「批評性があること」。デザイナーは、現代生活に対する違和感を常に持ち、クライアントを喜ばせるデザインの中にも批評性を入れ込むべきだと思います。大学の学問でも、この頃の研究は社会貢献といってニーズに合わせることばかり。ニーズに合わせれば社会の要請を適えられポイントがつくと考えている。大学こそ、それが本当に答えるべきニーズかという問いを持たなければ学問にならないでしょう。デザイナーも商売だから相手を喜ばせなければならないけれど、クライアントのニーズに合わせながら、生き方を問うような批評性を持ってほしい。でなかったら、いいデザインだとは言えない。でも、押し付けてたり命令するのではなくてね…。

山崎　それは勇気づけられますね。コミュニティデザインも同じく多義的、批評的でありたいものです。たとえば同じ道路空間でも「こうも使える」「ああも使える」と批評的に実践してしまうような。それを楽しくやりたいな、と思っています。

長谷川　本来、パブリックな場所というのは多義的だったはず。都市やコミュニティとかどこかしら〝世界〟に開いているものはパブリックな様相を帯びていると思う。僕がランドスケープデザインを続けているのは、開きっ放しになっているところに魅力を感じているから。とりとめもないし、「もの」というよりは、「ものの集合体」というイメージが面白いから。多義的でありたいけれど、僕の思っている世界の像があって、どこかでその世界を見てほしいと思っていなければこの仕事をしていない。まさしくそれが僕の持っている批評的ポジションかもしれません。多義的であることを止めてしまうのは、パブリックスペースの息の根を止めてしまうことでもある。誘い出せる空間があり、受け取り方にバリエーションがあれば、あとは自然と何かが始まって行くんでしょうね。今の三つのお願いは、自分の中で腑に落ちました。

鷲田　世間の評判は悪かったけれど、私は京都駅が好きなんですよ。特に、大階段。最初は単なる階段だと思っていたら、下でコンサートがあれば客席になるし、その後、正月には西宮神社の十日戎のように「大階段駆け上がり大会」を始めた。どんどんそこで遊びが工夫されていて、自由な空間だなと思っていた。けれど、いつか怪我をされた人がいて、厳しい規制がかかってしまったようです。安全という言葉が自由な遊びを萎縮させてしまうんですね。

山崎　そこに仕組みがあればよかったですね。たとえば、利用者の代表、商店街組合の代表、大学の先生、

京都駅の大階段はイベント時には客席になり、多くの人たちが集う場所となる（写真：幡知也）

駅ビルの百貨店の代表などが、京都駅を面白く使いこなすための協議会をつくり、ルールを決め、必要に応じてルールを変えて行くような仕組みがあれば、百貨店自身が責任に萎縮することなく運営していくことができたでしょう。空間は多義的になったのに、責任が一義的で従来通りなのはもったいないですね。

鷲田　以前、大階段で興味深い光景を目にしました。階段に座って音楽を聴いている前を「ちょっとごめんな」と言い、人をかきわけながら通る人がいたのです。美術館へ行くために通る通路が、イベント時には観客席として使われるため、わざわざそこを通ることになる。その状況の幸福だったこと。単なる美術館用の専用通路だったらつまらなかったと思いますね。

山崎　公園でも同じことが言えそうですね。

長谷川　公園というと、ついカタチが先にイメージされてしまうけれど、機能を指し示すものではなく、ある状況をパブリックとして確保されている場だと言えます。たとえば、アメリカにいくと野球場をボールパークという。あの場所はアメリカ人の公園なんでしょうね。みんなホットドック食べたり昼寝したりしていて、町中の人が集まって来る。特定の何かをする場所だけれど、そうではないことをしていることが許される状況が、すごく面白い。

ひとりぼっちの人が二人いる。それは公園的、都市的だと思いませんか。

鷲田　京都は日本で一番公園面積が少ないと言われていますが、その分、喫茶店がありますね。上手に一人きりになれる匿名になれる場所がある。特に京都へ嫁いできたお嫁さんにとっては、そこが日常から抜け出してほっと一息つける唯一の空間だったのではないでしょうか。

長谷川　京都は、町の大きさに対してバーも多いですよね。

鷲田　喫茶店やバーは「隠れ公園」とも言えますね。お互いが見知らぬ人同士で一人きりでいても居心地悪くない。つまり、都市的な空間と言えるでしょう。

長谷川　そうだとすれば、僕がデザインしようとしている状況は、都市的な関係をつくることかもしれない。たとえそれが山の中であっても。

鷲田　ジャズのスタンダードに「Alone together」という曲がありますね。ひとりぼっちの人が二人いる。それは公園的、都市的だと思いませんか。

長谷川　その言葉を山崎さんはどう解釈しますか？

山崎　僕は、それがネガティブな状況として表れている都市的状況に対処しています。孤独の問題ですね。喫茶店で一人になれるというのは極めて都市的だとは思うけれど、そこには地域的なしがらみから抜け出してきたという前提がある。一方で、近所に誰も知り合いがいなくて孤独感を感じているという都市的状況をどう解決するかというのが、今、僕が取り組んでいることだと思います。

長谷川　なるほど。要するに、ランドスケープデザインは他者との関係のつながり方を計っていると言えるのかもしれない。個人的には「Alone together」の関係は好きですね。

鷲田　私は、町にはおじさん・おばさん的な視点が大事だと思います。かつての町は、見ない振りしてちゃんと見ている大人がコミュニティの保護膜になっていたと思う。今のようにマンションが高層化してコミュニティが垂直になると、見るか見ないかどっちか。All or nothing。だから私は、子どもが安心して暮らせるコミュニティをつくるためには、住宅は平屋か2階建、職住一致、お父さんは５００メートル以上先に働きに行かないことを提案したくらいです。でなければ、町中にコミュニティはできないだろうと。そう考えると、パリは、人間関係は極めて自立しているけれど孤独感を感じないですね。シャンゼリゼ通りでも、1階がカフェで2階以上が住居であるという環境が、心地良さを生み出しているのかもしれない。

長谷川　確かに、パリは一人で居られる場所が用意されているように感じます。観光客が人口の10倍。常に異邦人が渦巻いている環境なのに、公園に行ってもカフェに行っても居心地がいい。なんとなくお互いの意識があるからなのでしょうか。

「シトロエン公園」（フランス・パリ）の一画。ベンチで休憩する二人。言葉を交わさずただ目の前の通行人を見過ごしている「Alone together」の時間

鷲田　お互いが見つめ合ってはいないけれど、なんとなく目に入っている関係性だから怖くない。誰かが見ているからこその安心感なんだと思いますよ。

ランドスケープとはハードでありソフトである、両義的な存在なのかもしれませんね。

山崎　今の話を聴いて、やはり、ハードとソフト両方が大切なんだと改めて思いました。都市構造や人の住まい方、建築の空間やオープンスペースの使い方との関係がどうあるかについてもっと両面から考えられていたら、こんなにもコミュニティデザインを一生懸命やる必要はないのかもしれません。

長谷川　他者という存在を人間と見ればコミュニティデザイン、鳥や虫だと考えるとエコロジカルデザインの話になり得る。もちろんそこには常にハードが介在している。有象無象が互いに住み分けているような全体の中で、ランドスケープデザインという概念が本当に幅広く存在している気がします。そもそもランドスケープとはハードでありソフトである、両義的な存在なのかもしれませんね。

鷲田　「ランドスケープ」について言えば、私は「景観」と訳さない方がいいの

シャンゼリゼ通りに沿って広がるカフェ

サン・ジェルマン・デ・プレにあるカフェ。思い思いに過ごす男性たち

ではないかと考えています。景観と訳すと、視覚の話にずらされてしまうから。

長谷川　静止画像のような？

鷲田　そう。でも、私たちがいい町だと感じる瞬間は、腕組みして建築に向き合うときではなく、歩いているうちになかなかいい町だなと感じる。動きつつ感じ取っている。京都も景観論争をするけれど、色、高さ、屋根の角度の話。コンビニも色や屋根をつけるとか、マンションも一見和風にするとか…。それは、景観という言葉が招いた弊害のように思います。

山崎　僕も、以前から景観に対する違和感がありました。景観は、デザイナーが視覚的につけ足すものではなく、そこに生活している人からにじみ出てきてしまうもの。だから人の暮らし方を変えていかないと、町は変わらないんだと。そこで、僕はコミュニティデザインによって都市生活のあり方や人と人の適切なつながり方をデザインしています。それは結果的に、ランドスケープ全体をデザインしていることにもなると考えています。

私の中でデザインの概念を一番広くとらえると、「モードを変える」ということ。

長谷川　最後にお聞きしたいのは、「デザイン」について。デザインの世界といっても、たとえばファッションで言えばオートクチュールから、津村耕佑さんの「FINAL HOME」[*1]のような社会的なスタンスのデザインまで幅広い。それはランドスケープに対しても同じことが言えます。これを包括する「デザイン」とは何を指し示すのか。鷲田先生はどうお考えですか?

鷲田　難しい質問ですね…。私の中でデザインの概念を一番広くとらえると、「モードを変える」と言えると思います。ものの容態や要素の位置関係を変えるものだと。ファッションで言えば、デザインされている服は、着ると普段の自分と身動きが変わってしまうとか人を見る目が変わるとか、服を通した人との関係性がずらされてしまう。たとえば、19世紀までお金持ちはゴージャスなものを着ることで身分を主張していたけれど、19世紀の終わりから「シック」という概念が生まれ、簡素なものが好まれる時代になった。それからファッションの二重性が表れ、シャネルはジャージーというカジュアルな生地でスーツをつくった。究極はヨウジヤマモトとコムデ・ギャルソン。袖がボロボロにほつれたものが高値で売られたのです。こうしたある種のパラドックスがモードを変えると言えますね。

建築も広い意味でのデザインで、その家に住めば行動洋式が変わる。重度の認知症の方でも、システマチックな介護施設から地域のユニットケアが受けられる木造の日本家屋の施設に行くと、いつもはぼうっと立っていたような人が、段差がある場所に石があると、靴を脱いで部屋に上がろうとする。自然に座布団を寄せて座るようになる。それはデザインの力だと思いましたね。

長谷川　要するに問題解決だけがデザインじゃないのか…。

山崎　広く言えば問題解決だと思いますよ。リゾートの庭を新しくするのも服をデザインするのも、これまでのデザインが古くなったり使いにくくなったりという課題があるからそれをデザインで解決して行くことになる。そもそも前提となる課題がなければデザインしようということにはならないでしょう。

鷲田　そうですね。違和感や問題意識がデザイナーの力を引き出すのだと思います。

長谷川　その「問題」とは何かと考えてみることもまた面白いですね。庭師さんが丁寧に石を据えていく行為や袖をボロボロにするスタイルは、課題という観点だけでは捉えきれないように思えるし、同時に違和感というのはとても重要なキーワードかもしれません。今後も考えていきたいテーマです。

注

＊1　FINAL HOME：ファッションデザイナーの津村耕佑によって生み出されたファッションブランド。肉体的にも精神的にも人間を最後に守るのは「服」であるという発想から服作りを行っている。ファッションブランドとして存在する一方、世界各国で展示会やチャリティー活動などを展開している。

あとがき

きっかけは本当にひょんなことだった。小さな会話がきっかけで、『ランドスケープデザイン』誌で「状況のつくり方」という連載が始まり、そしてそれが加筆、再構成されて今ここに一冊の本になっている。なんだか不思議な気持ちだが、まとまったかたちでいろいろな方に読んでもらえるチャンスが増えたことは正直とてもうれしく思っている。ここで語られていることになにひとつ１００％の解答はないかもしれない。しかし、これからの時代にとって大切なことを考え、実際に試行錯誤していくためのヒントはたくさんちりばめられているのではないだろうか。少なくとも僕たちにとっては、ゲストの皆さんから本当に多くの示唆をいただいたと思っている。

デザインという行為の意味を、そして風景やコミュニティの成り立ちに関わるということの意味を、今一度、問い直す時期がきているのだろうか。多くの異なる分野で、まったく異なる世代の人たちが、それぞれの思いで考え、いま実際に活動している。そのことに気がつくことが出来たのもこの連載のおかげである。「つくるひと、つくらないひと」という素朴な2項対立の図式も、議論の中核をあぶり出すのに思いのほか有効だったようにも思う。もちろん僕たちもそんな役回りを意図的も演じたわけではなく（少しは演じたけど）、二人の発言は同じ悩みを共有しつつ違うアプローチをとっているという立場から自然に生まれてきたものである。こうやって生まれたこの本がこれからの町や都市の風景、そしてそのかけがえのない価値について皆が考えていくためのささやかなヒントとなれば、それ以上うれしいことはない。

最後になったが、僕たちがやろうとしていることの意図を理解し、連載というかたちで発表の場を与えていただいた上、その集大成を書籍にする事に同意していただいたマルモ出版『ランドスケープデザイン』編集部にこの場をお借りして深く感謝したい。また書籍出版に際してご尽力いただいた学芸出版社の前田裕資さん、井口夏実さん、中木保代さんにも心より感謝の気持ちをお伝えしたい。何よりもお礼申し上げなければならないのが、忙しい貴重な時間を割いてくださった9名のゲストの皆さん。本当にどうもありがとうございました。皆さんと過ごした時間は僕たち二人にとって本当に実り多いひとときでした。

編著者を代表して　長谷川浩己

■編著者

長谷川浩己（はせがわ　ひろき）

1958年千葉県生まれ。オンサイト計画設計事務所パートナー、武蔵野美術大学特任教授。
千葉大学を経て、オレゴン大学大学院修士修了。ハーグレイブス・アソシエイツ、ササキ・エンバイロメント・デザイン・オフィスなどを経て現在に至る。館林美術館 / 多々良沼公園、丸の内オアゾ、東雲 CODAN、星のや軽井沢、日本橋コレドの広場などで、グッドデザイン賞、造園学会賞、土木学会デザイン賞、AACA賞、JCDデザイン賞、ARCASIA GOLD MEDAL、アーバンデザイン賞などを受賞。

山崎　亮（やまざき　りょう）

1973年愛知県生まれ。コミュニティデザイナー。studio-L代表、東北芸術工科大学教授（コミュニティデザイン学科長）、NPO法人マギーズ東京理事。
地域の課題を地域に住む人たちが解決するためのコミュニティデザインに携わる。まちづくりのワークショップ、住民参加型の総合計画づくり、建築やランドスケープのデザインなどに関するプロジェクトが多い。
著書に『コミュニティデザイン』『コミュニティデザインの時代』『ソーシャルデザイン・アトラス』『ふるさとを元気にする仕事』『コミュニティデザインの源流』等。

■企画（初出）

株式会社マルモ出版『ランドスケープデザイン』編集部企画「状況のつくり方」

（『ランドスケープデザイン』66～76号およびマルモ出版社ウェブサイト
http://marumold.exblog.jp/12308790/、2009～2011年）に連載。

つくること、つくらないこと
町を面白くする11人の会話

2012年2月20日　第1版第1刷発行
2016年6月10日　第1版第4刷発行

編著者………………長谷川浩己・山崎亮
発行者………………前田裕資
発行所………………株式会社 学芸出版社
京都市下京区木津屋橋通西洞院東入
電話 075－343－0811　〒600－8216
アートディレクション…原田祐馬（UMA / design farm）
デザイン……………山副佳祐（UMA / design farm）
印　刷………………イチダ写真製版
製　本………………山崎紙工

ISBN 978-4-7615-1295-8　Printed in Japan